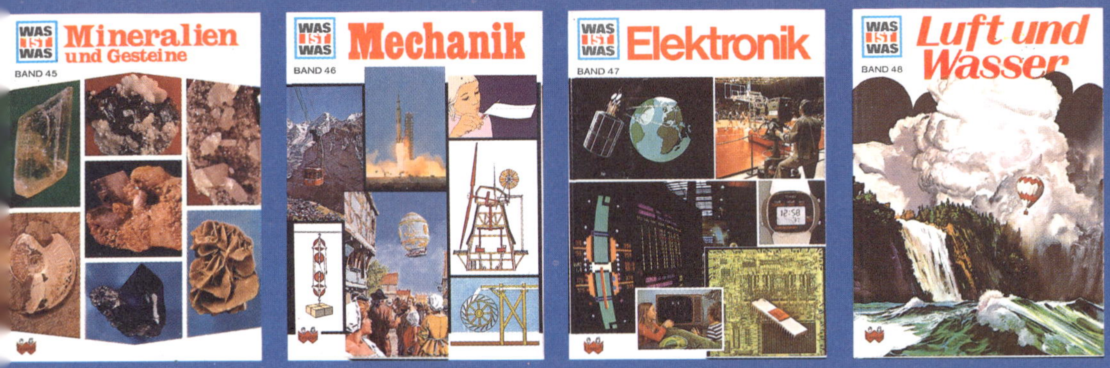

Weitere Titel siehe letzte Seite.

Ein WAS IST WAS Buch

Natur
erforschen und präparieren

Von Neil Arnold

Illustrationen von Chris Shields
und Roger H. Coggins

Mit einem Vorwort von Sir Peter Scott

Tessloff Verlag

Vorwort

Als mein Vater mit seinen Begleitern auf dem Rückweg vom Südpol in einem Zelt starb, schrieb er kurz vorher meiner Mutter einen Brief, der bei seinem Leichnam gefunden wurde. Darin heißt es: „Interessiere den Jungen für Naturgeschichte!“ Ich hatte das Glück, Freunde und Lehrer zu finden, die mir halfen und mir eine Menge beibrachten; aber sie konnten mir nur sehr wenig Literatur empfehlen. Damals, um 1910, gab es keine Sachbücher, die die Jugend etwas über die wunderbare Vielfalt der Natur gelehrt hätten, auch nicht, und das im besonderen warum und wie sie geschützt werden sollte.

Die Jugend von heute hat da mehr Glück. Sie wird zu einer Zeit groß, in der – wie nie zuvor – der Umweltschutz im Vordergrund steht. Um so mehr braucht sie gute Bücher, aus denen sie etwas darüber lernen kann. Und ich glaube, daß dieses WAS IST WAS-Buch nicht nur von vielen jungen, sondern auch von älteren Naturforschern gelesen wird. Es wird zweifellos Interesse und Begeisterung hervorrufen.

Der Verfasser Neil Arnold erklärt, was Naturschutz bedeutet. Er empfiehlt aber auch Versuche mit Säugetieren, Vögeln, Insekten und vielen Pflanzen. Diese Versuche können junge Naturforscher selbst ausführen und dabei viel lernen. Wenn Naturschutz erfolgreich sein soll, muß er auf Tatsachen beruhen. Bestimmt gibt es keinen besseren Weg, Naturschutz zu lernen, als Jugendliche zu ermutigen, Tatsachen zusammenzutragen, und ihnen dann zu zeigen, wie diese Tatsachen genutzt werden können.

Die Zukunft der Erde und ihrer Natur liegt in den Händen Eurer Generation. Und Ihr werdet sie in die Hände der nächsten Generation weitergeben, wenn wir bis dahin nicht alles zerstört haben. Es scheint aber, daß jede nachwachsende Generation fortwährend besorgter und kritischer wird gegenüber der Nachlässigkeit und Unwissenheit der früheren Generation.

Ich bin sehr glücklich, daß ich zu diesem Buch einen Beitrag leisten darf. Ich glaube, daß es viel zur Verbesserung der Situation beitragen kann.

Sir Peter Scott ist der Sohn des britischen Polarforschers Robert Scott, der am 18. 1. 1912 vier Wochen nach dem Norweger Roald Amundsen den Südpol erreichte und auf dem Rückweg im Schneesturm umkam.

WAS IST WAS, Band 68

Titel der in Groß-Britannien veröffentlichten Originalausgabe: Conservation
Veröffentlicht in Übereinkommen mit Ward Lock Limited

ISBN 3 7886 0407/7

INHALT

Schon das kleinste, selbstgeschaffene Reservat gestattet tiefe Einblicke in die Pflanzen- und Tierwelt.

Wie man ein Naturschutzgebiet anlegt

Was ist Naturschutz?

Etwas schützen heißt es vor Schaden bewahren. Aber Naturschutz ist mehr als das. Es ist die aktive Förderung der Pflanzen und der Tiere. Es geht also nicht nur um die Rettung der bedrohten Natur, sondern auch um den Versuch, ihr eine gesunde Zukunft zu geben.

Wer gern Pflanzen und Tiere betrachtet, wird sie auch in seiner unmittelbaren Umgebung wachsen sehen wollen. Das kann man leicht haben, wenn man ein kleines Naturschutzgebiet, ein sogenanntes „Reservat" einrichtet, vielleicht im Garten oder in einem abgelegenen Teil eines öffentlichen Parks oder auch nur in einem Blumenkasten. Kein Platz ist so klein, daß dort nicht eine Pflanze oder ein Tier gedeihen könnte.

Ein Reservat ist ein Netzwerk von Beziehungen. Zu jeder Bodenart gehören bestimmte Pflanzen und zu jeder Pflanze gehören bestimmte Tiere, die vielleicht wiederum anderen Tieren als Nahrung dienen. Es ist daher wichtig, ein Reservat zu schaffen, in dem möglichst viele Pflanzen und Tiere zusammenleben können. Dabei sollte man sich vor allem an einheimische Pflanzen halten, also an Pflanzen, die schon immer bei uns wuchsen. Nur sie sind Lebensgrundlage der einheimischen

Tiere. Auf und bei einer Eiche, also einem einheimischen Baum, zählten Forscher einmal 284 verschiedene Tierarten, die in und um sie herum lebten. Auf einem wunderschönen, aber eben ausländischen Baum, einer Platane, fand man dagegen nur vier Arten. Die Moral der Geschicht': Pflanz' ausländische Bäume nicht!

Wie sieht ein Reservat aus?

Kleine Reservate erfordern einige Mühe. Die Hecken und Bäume dürfen nur einen Teil des Bodens bedecken, der Rest bleibt Rasen, der ab und zu gemäht werden muß. Auf diesem Rasen pflanzt man Sträucher, die Insekten anziehen. Man kann auch einen kleinen Teich oder andere Mini-Reservate anlegen; nützlich ist auch ein Stapel alten, verfaulenden Holzes. So schafft man vielen Pflanzen und Tieren einen gemeinsamen Lebensraum.

Bei dem Wort „Reservat" oder „Naturschutzgebiet" denken viele Menschen an afrikanische Steppen, an die Bergwelt der Anden oder an öde Salzsümpfe. Aber auch in Deutschland gibt es solche Anlagen, zum Beispiel in den Bayerischen Alpen oder der Lüneburger Heide. Reservate liegen meist abseits der Autobahn tief im Landesinnern und sind wegen ihrer seltenen Tier- und Pflanzenwelt berühmt. Sie werden von Wissenschaftlern angelegt und überwacht, um die Vielfalt der Natur zu bewahren. Ziel jedes Naturschutzgebietes ist der Schutz außergewöhnlicher oder bedrohter ökologischer Systeme. (Die Ökologie befaßt sich mit der Beziehung der Lebewesen zu ihrer Umwelt.) Darüber hinaus sollen sich die Besucher dieser Reservate am Anblick der Pflanzen und Tiere erfreuen.

Wie kann man ein Reservat schaffen?

Dem gleichen Zweck dienen die kleinen Reservate, die sich jeder selbst in der Großstadt schaffen kann. Auch der kleinste Blumenkasten ist ein Glied einer Kette, die jede Stadt über Gärten, Golfplätze, Friedhöfe und andere freie Plätze mit seiner grünen Umwelt verbindet. Eine Kette ist aber immer nur so stark wie ihr schwächstes Glied. Darum ist auch der „Naturschutzpark" im Blumenkasten und der kleinste Garten wichtig. Der Samen der Esche, die dort wächst, kann auf den nächsten freien Platz fallen, und ein neuer Baum entsteht; später wird daraus vielleicht ein kleiner Wald mit Insekten, Vögeln und kleinen Säugetieren.

Um ein Reservat anzulegen, muß man

Die Errichtung eines Reservats beginnt stets mit der genauen Feststellung, welche Pflanzen und Tiere es in dem Gebiet, in dem das Reservat liegen soll, schon gibt. Anzahl und Art der festgestellten Tiere werden sorgsam in eine Liste eingetragen.

zunächst wissen, welche Pflanzen und Tiere es schon an dem dafür vorgesehenen Platz gibt. Wenn man den Platz lange genug beobachtet, kann man bald eine Liste mit den Namen all seiner Pflanzen und Tiere aufstellen. Daraus ergibt sich, welche Verbesserungen nötig und möglich sind.

Als nächstes muß man einen Plan des ganzen Reservats zeichnen. Er sollte den ursprünglichen Zustand und die geplanten Änderungen aufzeigen. Am besten ist es, vorher mit den Eltern zu sprechen. Vielleicht geben sie ein kleines Stück vom Gemüsegarten ab, um darauf einen Teich anzulegen, vielleicht beteiligen sie sich auch an den Kosten. Anfangs werden sie wahrscheinlich nur kleinere Änderungen erlauben. Aber wenn dann im folgenden Jahr die ersten neuen Schmetterlinge und Vögel auftauchen, werden sie ihre Meinung ändern und tatkräftig helfen.

Bei dem Plan muß man auch an wichtige Einzelheiten denken: Zum Beispiel an die Kosten für das Material – und an die Zeit für die Pflege des Gebietes.

Die meisten Schutzmaßnahmen werden während der Herbst- und Wintermonate vorgenommen, wenn die Pflanzen langsam oder gar nicht wachsen und wenn die Vögel nicht brüten.

Der Kalender auf Seite 48 zeigt, was wann gemacht werden muß, wann man Bäume pflanzt, Vogel- und Fledermauskästen baut und Futterplätze aufstellt. Aus faulenden Holzscheiten, einem Steinhaufen oder den Ablegern von Heckenpflanzen legt man ein Mini-Reservat an – und ehe man sich versieht, ist das Naturschutzgebiet fertig.

Die folgenden Seiten sollen dem jungen Naturschützer bei seinen Untersuchungen an Säugetieren, Vögeln, Insekten und Teichbewohnern helfen. Gleichzeitig wird dort berichtet, wie man eine Vielfalt von Lebewesen in sein Reservat locken kann. Natürlich wird niemand sofort zum Experten; daher sollte man bei erfahrenen Naturschützern oder Naturschutzvereinen, die es fast an jedem Ort gibt, um Rat bitten. Sie werden gern weiterhelfen.

Nachdem man einen Plan des vorgesehenen Platzes in seinem Originalzustand gezeichnet hat, legt man über die Skizze ein durchsichtiges Papier und zeichnet darauf alle notwendigen und gewünschten Änderungen ein. Dann beginnt man mit den Erdarbeiten und, wenn es die Jahreszeit erlaubt, mit dem Anpflanzen neuer Büsche und Bäume.

Säugetiere halten sich nur in solchen Gärten auf, in denen sie Futter und Schutz finden. Um ihnen den Zutritt zum Garten zu ermöglichen, baut man kleine Einschlupfpforten.

Wie man Säuger beobachten kann

Welche Spuren hinterlassen kleine Säuger?

Es ist nicht leicht, Säugetiere zu studieren: Sie sind meist leise, scheue Tiere, die erst in der Dämmerung oder nachts aktiv werden und die wir daher nur selten sehen können.
Aber sie hinterlassen viele Spuren. Man findet Überreste ihrer Mahlzeiten wie zum Beispiel Nußschalen, abgenagte Tannenzapfen oder zerbrochene Schneckengehäuse, man findet ihre

Spuren oder gar ihre Behausungen wie Eichhörnchennest oder Fuchsbau.
Jedes Säugetier hat besondere Freßgewohnheiten. An ihnen kann man erkennen, ob zum Beispiel eine Haselmaus, eine Waldmaus oder eine Wühlmaus die Haselnuß angenagt hat. Man sieht es zum Beispiel an dem Abdruck der Zähne auf den Nahrungsresten. Wenn man ein Loch im Boden findet, von dem man nicht weiß, ob es ein Fuchsbau, ein Kaninchenbau oder ein Dachsbau ist, sucht man nach frischen Spuren des Bewohners, zum Beispiel nach Fußabdrücken. Wenn man nicht weiß, ob die Höhle bewohnt ist, legt man einige leichte Zweige direkt vor den Eingang. Liegen diese Zweige am nächsten Morgen noch unverändert an Ort und Stelle, ist der Bau wahrscheinlich unbewohnt. Die meisten Höhlen indes sind bewohnt: Kaninchen (in anderen Teilen Europas auch Füchse und Dachse) gibt es jetzt sogar in den Städten; man braucht nicht mehr aufs Land zu fahren, um sie zu sehen.
Der beste Beweis für die Anwesenheit eines Säugers sind seine Fußabdrücke. Wenn man sie findet, macht man eine genaue Skizze und mißt den Abstand zwischen zwei Abdrücken. Manche Tiere ziehen ihren Schwanz hinter sich her, so daß er eine Spur im Erdreich hinterläßt. Auch solche Einzelheiten müssen in der Skizze festgehalten werden.

Wenn man Igeln im Sommer regelmäßig ein Schüsselchen mit Wasser hinstellt und vielleicht ein Stück mageres Fleisch dazulegt, werden sie bald Dauergäste im Garten. Die alte Ansicht, daß Milch von Igeln gut vertragen wird, ist falsch und tödlich für die Tiere.

Gips-Abdruck einer Dachsspur

Fußspuren einiger Säugetiere. Die breite Spur zwischen den Fußabdrücken des Maulwurfs (oben links) ist die Schleifspur seines kleinen Körpers.

Um eine haltbare Aufzeichnung der Fußspuren zu bekommen, kann man Gipsabdrükke herstellen. Das ist nicht schwer: Man sucht einen gut ausgeprägten Abdruck und reinigt ihn vorsichtig von Halmen und Zweigen. Dann drückt man um die Spur herum einen zu einem Kreis gebogenen Pappstreifen, den man mit einer Büroklammer zusammenhält, in das Erdreich. Wenn der Untergrund zu hart ist, häufelt man etwas Erde um den äußeren Rand des Pappstreifens. Aus Gipspulver und Wasser rührt man nun einen Brei an, mit dem man die Pappform bis oben hin ausfüllt. Eventuelle Luftblasen im Gips müssen vorsichtig herausgedrückt werden. Die Form bleibt solange

Wie stellt man Gipsabdrücke von Fußspuren her?

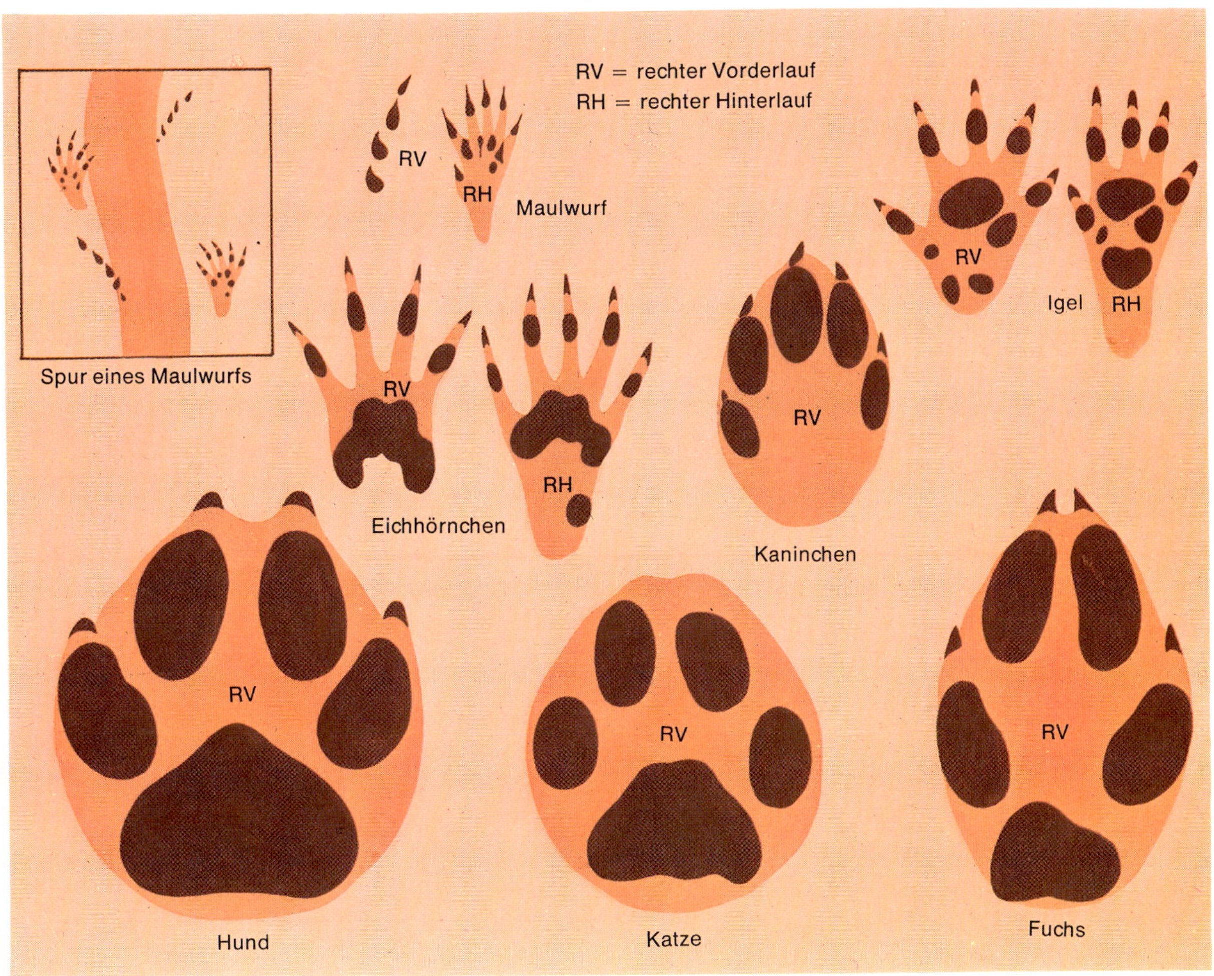

liegen, bis der Gips einigermaßen hart geworden ist. Dann nimmt man ihn vorsichtig hoch und schlägt ihn in Zeitungspapier ein. Die Masse braucht mehrere Stunden, bis sie durchweg hart und trocken ist.
Um Säugetiere in den Garten zu locken, muß man ihnen einen Zugang, Nahrung und Schutz bieten. Von Dachsen zum Beispiel weiß man, daß sie immer die gleichen Wege gehen. Diese Wege muß man suchen. Wenn solch eine Fährte durch den neu angelegten Garten führt, muß man – wenn der Garten eingezäunt wird – eine Dachspforte bauen, damit das Tier seinen üblichen Weg auch weiterhin gehen kann. Dachspforten sehen aus wie die Katzentüren, die man in Wohnungen einrichtet: eine an einem Scharnier herunterhängende Holzklappe.

Wie lockt man Säugetiere in den Garten?

In unser Reservat gehören Früchte tragende Pflanzen wie Haselsträucher oder Buchen. Ihre Nüsse sind die Lieblingsspeisen vieler Nagetiere, die außerdem noch Schädlinge wie Schnecken, Larven und Maden fressen. Einen Igel lockt man am besten mit einer Schale Wasser und in der Zoohandlung erhältlichem Igelfutter an. Aber denkt auch an den Schutz eurer Gäste: Kleine Tiere, zum Beispiel Feldmäuse, brauchen hohes Gras. Darum sollte man, wenn ein genügend großer Garten zur Verfügung steht, an einer Stelle kein Gras mähen. Den Rest mäht man im frühen Herbst, so daß er im Frühjahr halbhoch ist – ein sicheres Versteck für neugeborene Säugetiere. Auch ein großer Haufen Reisig oder Holzstämme bieten den Jungtieren guten Schutz. Selbst Mauerlöcher können kleinen Säugern als Kinderstube dienen. (Zum Schutz der Jungtiere sollte man im Frühjahr keine Katzen in den Garten lassen!)
Obwohl Fledermäuse in einigen Städten und deren Parkanlagen vorkommen, haben viele Menschen noch nie in ihrem Leben ein solches Flattertier gesehen. Tagsüber hängen sie sich in Gebäuden, an Mauern oder in Baumlöchern zum Schlafen an den Füßen auf. Man kann Fledermäuse in seinen Garten locken, wenn man ihnen Schlafkästen anbietet.

Wie baut man einen Fledermauskasten?

Fledermauskästen ähneln Vogelkästen, nur haben sie ein 15 mm großes Schlupfloch im Bodenbrett. Die aufgerauhte Rückwand des Kastens dient den Tieren als Landebrett. Die Fledermäuse fliegen durch das Einschlupfloch und hängen sich mit ihren

Fledermauskästen hängt man 1,50 m bis 2 m über der Erde an einem Baumstamm oder einer Mauer auf. Das Schlupfloch darf nicht zu groß sein.

scharfen Krallen an das Dachbrett. Der Kasten besteht aus dickem, roh geschnittenem Bauholz, das aber nicht mit Holzschutzmitteln präpariert werden darf; Fledermäuse mögen keinen starken Geruch. Die Innenmaße betragen 10 x 10 cm, nur die Höhe (siehe Zeichnung) beträgt 20 oder gar 30 cm, vor allem, wenn man größere Nachtfledermäuse anlocken will. Waagerechte Rillen an der Rückwand und am Dachbrett erleichtern den Fledermäusen das Hochklettern und Ankrallen. Man hängt den Kasten an einen Baum oder an eine Mauer, ungefähr 1,50 bis 2 m über den Boden.

Im Sommer kann man, wenn man es geschickt anstellt, Fledermäuse von ganz nah betrachten: Man greift vorsichtig in den Kasten, aber bitte wirklich ganz, ganz vorsichtig, damit das Tier sich nicht zu sehr aufregt, und holt es heraus. Dazu sollte man Lederhandschuhe anziehen, denn größere Fledermäuse haben sehr scharfe Zähne, von denen sie schnell Gebrauch machen. Wenn man das Tier erst einmal in der Hand hat, wird es normalerweise bald ganz ruhig, so daß man es sich genau ansehen kann. Aber bitte nicht zu lange! Dann setzt man es in den Kasten zurück.

Im Winter sollte man Fledermäuse nicht aus ihren Kästen nehmen. Wenn man im Keller, in einem alten Gebäude oder in einem Baumloch ein Tier im Winterschlaf findet, sollte man es unbedingt in Ruhe lassen! Naturforscher haben herausgefunden, daß schon ein geringer Temperaturverlust – wie er zum Beispiel entsteht, wenn man aus der Kälte im Freien kommt und einen Winterschlafplatz betritt – die Fledermaus soviel gespeicherte Energie kostet, daß sie daran sterben kann. Also besser gar nicht erst hingehen!

Wie man Vögel beobachten kann

Wo leben die meisten Vögel?

Vögel sind sehr aktive Lebewesen. Darum ist es besonders interessant, ihre Lebensweise, ihre verschiedenartigen Formen und Farben sowie ihre Flugmethoden zu studieren. Das kann man immer und überall tun – sogar während der wenigen Minuten, in denen man auf einen Autobus wartet.

Weil Vögel gute Flieger sind, können sie ihr Futter an den verschiedensten Orten suchen – auf hohen Bäumen oder offenen Mooren, in der Luft und selbst über verkehrsreichen Großstadtstraßen. Die Fähigkeit zu fliegen erlaubt ihnen auch, ihre Jungen an Plätzen großzuziehen, die für andere Tiere unerreichbar sind.

Die meisten Vögel leben auf Bäumen. Dort bauen sie ihre Nester, dort jagen sie nach Futter. Der Baumläufer sucht in der Baumrinde nach Larven und Insektenpuppen. Der Buntspecht sucht nach Larven, indem er Löcher in die Rinde hackt. Außerdem frißt er Jungvögel, wenn er sie aus ihrem Nest herausholen kann. Rotschwänzchen und Teichrohrsänger, beides Sommervögel, picken sich Larven und Insekten von Blättern oder fangen sie in der Luft. Der immer wache Eichelhäher lebt von kranken oder jungen Vögeln und kleinen Säugetieren, Insekten und Früchten. Er bevorzugt Eicheln, und im Herbst sieht man häufig, wie er Vorräte für den Winter anlegt. Der Turmfalke beobachtet im Rüttelflug Bewegungen kleiner Säugetiere und Vögel auf dem Boden, verliert dabei langsam an Höhe und stößt dann pfeilschnell auf sein Opfer herab.

Wo suchen Vögel ihre Nahrung?

In den Städten gibt es weniger verschiedene Vogelarten. Zu den häufigsten Vögeln gehören hier vor allem Spatzen und Amseln. Die Spatzen suchen in Gärten, an Hecken und auf Straßen nach Samen und Kernen. Die Amseln (Schwarzdrosseln) stochern im Rasen und in Blumenbeeten nach Schnecken, Würmern und Beeren. Die Bachstelze jagt am Boden lebende Insekten, und hoch über ihr jagt die Mehlschwalbe nach fliegenden Insekten. Die Stare kreisen in Schwärmen, sie fressen Insekten, Schnecken, Würmer und Obst und lassen sich auf hohen Dächern nieder. Haustauben laufen auf den Straßen umher und suchen nach Samen und eßbarem Abfall.

Nicht alle Vögel schlafen nachts. Manche bereiten sich auf die Jagd vor. Hör dir einmal das Heulen des Waldkauzes an und das „ki-wick" seines Weibchens. Waldkäuze, die in der Stadt leben, ernähren sich hauptsächlich von kleineren Vögeln. Ihre Verwandten auf dem Lande dagegen fressen Mäuse und Wühlmäuse.

Auf dem Land kann man mit etwas Glück und Geduld fast alle bei uns lebenden Vogelarten beobachten.

Im Gegensatz zu vielen anderen Tieren, die man fangen und dann im Käfig studieren kann, muß man Vögel in Freiheit beobachten, wo sie jederzeit davonfliegen können. Andererseits kann man Vögel fast jederzeit und an jedem Ort beobachten, also auch dann, wenn man es sich nicht ausdrücklich vorgenommen hat. Deshalb sollte man anfangs ganz gewöhnliche Vögel beobachten, überall, wo man sie sieht, und noch ohne Hilfe eines Fernglases. Auch wenn man noch keine Einzelheiten, zum Beispiel die Farbe der Augenringe unterscheiden kann, bekommt man doch sehr schnell ein „Gefühl" für jede Art.

Wo kann man Vögel beobachten?

Später leistet ein Feldstecher gute Dienste. Ein Feldstecher ist ein kleines Doppelfernrohr für den Handgebrauch. Beim Kauf sollte man folgende Punkte beachten: Der Feldstecher muß ein klares Bild, ein breites Blickfeld, exakte Farbwiedergabe und mindestens den Leistungsvermerk „6x30" haben. Die erste Zahl gibt die Vergrößerung, die zweite den Durchmesser der Objektivlinse in mm an. Die Objektivlinse ist die dem Auge abgewandte Linse am äußeren Ende des Feldstechers. Er sollte außerdem leicht und handlich sein.

Die Zahl der Vogelarten, die es gelernt haben, in der Stadt zu leben, ist verhältnismäßig klein.

Wenn man später mehr Erfahrung in der Beobachtung der Natur hat und Flußmündungen, Klippen oder Staubecken aufsucht, könnte der Feldstecher nicht mehr ausreichen. Dann kauft man ein einäugiges Fernrohr mit 15- bis 25facher Vergrößerung. Hier sollte die Objektivlinse einen Durchmesser von mindestens 60 mm haben. Die meisten Fernrohre haben vorstellbare Vergrößerungsstärken, so daß man immer die für die jeweilige Situation passende Vergrößerung wählen kann. Wer ein Fernrohr kauft, sollte nur ein gutes kaufen; billige Fernrohre mit kleinen Objektivlinsen sind lichtschwach und nutzen daher wenig.

Wozu braucht man ein Fernrohr?

Für die Beobachtung von Vögeln aus nächster Nähe gibt es zwei Möglichkeiten: Man geht auf die Pirsch oder baut sich ein Versteck. Bei der Pirsch schleicht sich der Vogelfreund an den Vogel heran und beobachtet, ohne gesehen zu werden. Wenn man sich hinter Bäumen und Büschen an den Vogel heranschleicht, ist der Standort der Sonne wichtig: Vögel kann man im Gegenlicht nur schlecht ausmachen, man erkennt keine Farben und auch die Größe ist schwer abzuschätzen. Ideal ist es, wenn man die Sonne im Rücken hat; dann ist der Vogel gut beleuchtet und man kann seine Farben erkennen. Wenn der Wind dem Beobachter entgegenweht, können Geräusche wie knackende Äste usw. das Wild nicht so leicht aufschrecken.

Für ein tragbares Versteck braucht man grobe Sackleinwand, eine Zeltplane, Metallröhren, Besenstiel und festen Draht. Die Sackleinwand wird mit dem Laken gefüttert, damit sie undurchsichtig wird. Man legt sie kreuzförmig aneinander und näht drei Enden zusammen, so daß ein rechtekkiges Zelt mit einer losen Kante als Eingang entsteht. An die Seiten kann man Taschen nähen, in die man bei windigem Wetter Steine zum Beschweren legt. Die Besenstiele bilden das stützende Gerüst. Wenn sie zurechtgeschnitten und mit den Metallröhren versehen sind, wie es die Zeichnung zeigt, kann man das Versteck zusammenlegen. Das Dach des Rahmens wird mit Drahtstücken zusammengehalten, die an den Eckpfeilern in Ösen eingehakt werden. Ein Quadrat aus Kunststoff macht das Dach wasserdicht. Zum Schluß schneidet man in die Vorderseite ein Beobachtungsloch. Dazu setzt

Wie baut man ein tragbares Versteck?

Grundausrüstung eines Vogelbeobachters sind Vogelkundebuch, Fernglas und später ein Fernrohr.

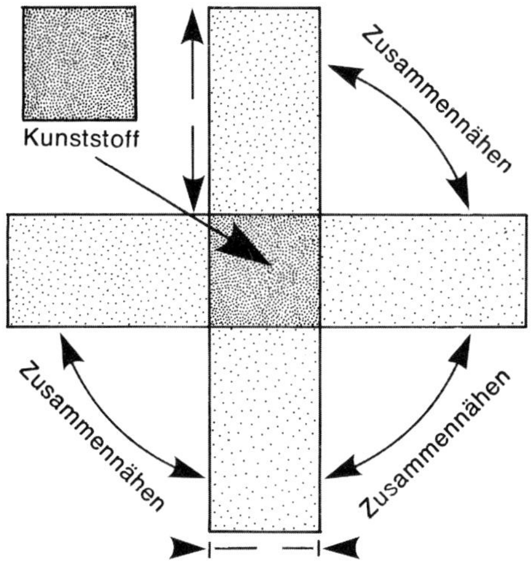

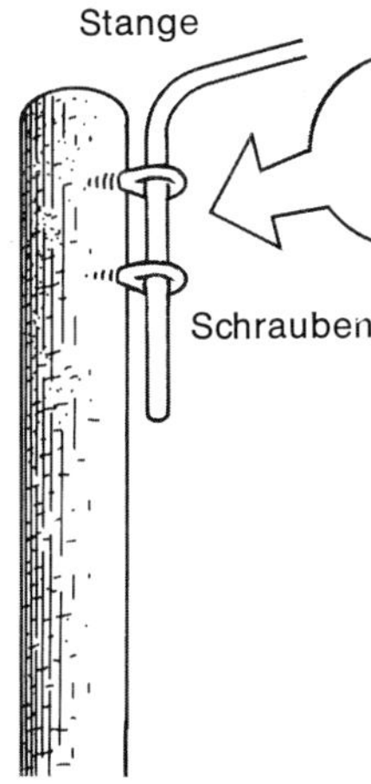

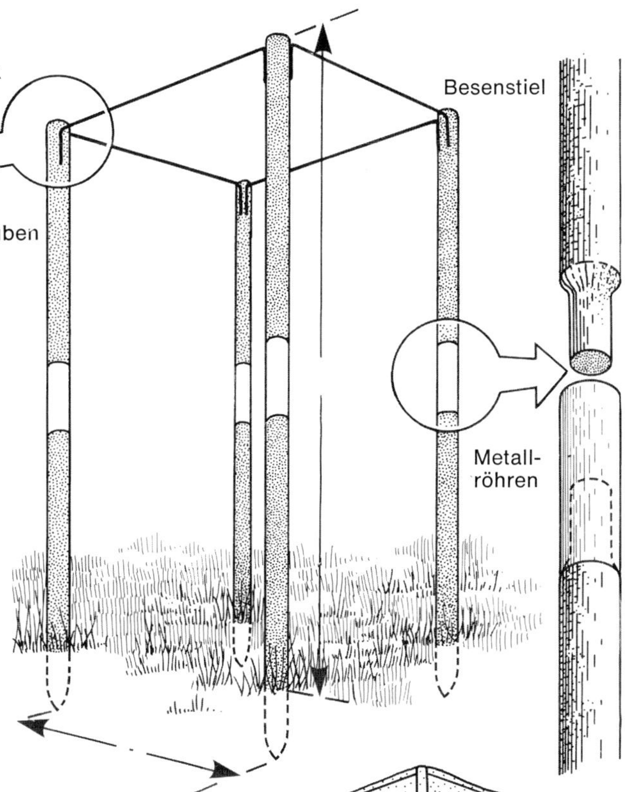

man sich in das Zelt hinein, damit das Loch genau in Augenhöhe kommt.

Vögel haben es immer eilig und man hat nie genug Zeit, lange und ausführliche Beschreibungen von ihnen zu machen. Deshalb braucht man ein einfaches System, sie zu bestimmen. Man muß sich angewöhnen, alles, was man sieht, aufzuschreiben. Deshalb sind Block und Bleistift anfangs wichtiger als ein Fernglas. Auch rohe Skizzen helfen. Es brauchen keine schönen Bilder zu sein, schon mit ein paar Bleistiftlinien kann man die wichtigsten Einzelheiten festhalten. Auf dieser Skizze werden die Farben markiert. Außerdem kann man typische Einzelheiten wie Schnabel und Krallenform festhalten. Daher ist es wichtig, die genauen Bezeichnungen für die einzelnen Teile der Vögel zu kennen. Erst dann werden schnelle Beschreibungen gelingen. Auch wenn man sich bei der Identifizierung unbekannter Vögel helfen lassen will, braucht man diese Wörter.

Wie bestimmt man einen Vogel?

Zur Erkennung gehören Größe, Form, allgemeiner Eindruck und das Verhalten des Vogels. Für genaue Beobachtungen sind folgende Punkte wichtig:

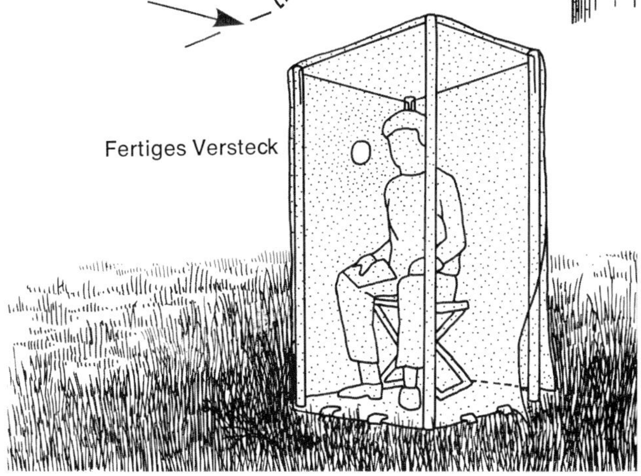

So baut man mit geringem Arbeitsaufwand und wenig Geld ein tragbares Beobachtungshäuschen. Die Strecke „a" auf der Zeichnung mißt etwa 150 cm, die Strecke „b" 80 cm.

So schleicht man sich im Gegenlicht an Vögel heran, möglichst auch gegen den Wind.

1. *Gestalt und Form*
   Größe und Form des Schnabels, Länge der Beine, Form der Flügel, Länge des Schwanzes und so weiter. Vergleiche mit anderen bekannten Arten, die ähnlich aussehen.
2. *Größe*
   Mit anderen Vögeln oder Gegenständen vergleichen.
3. *Auffälligkeiten*
   Auf einer Skizze zeichnet man genau die Stellen ein, wo weiße und farbige Flecke oder andere Muster sitzen.
4. *Gefieder*
   Genaue Beschreibung des Federkleides (nicht nur von Teilen, die deiner Meinung nach zur Identifizierung nötig sind). Auf Skizzen wird jede Besonderheit gezeigt.
5. *Farbe*
   Farbe des Schnabels, der Beine, Füße und Augen – soweit möglich.
6. *Bewegung und Flug*
   Genaue Beschreibung im Vergleich mit anderen Arten.

Das Gefieder einer Wacholderdrossel

Warum kann man sich bei der Bestimmung irren?

Bei dem Versuch, Vögel zu identifizieren, gibt es einige Fallen, die man vermeiden muß. Vögel in noch nicht ausgefärbtem Gefieder, also Jungtiere, können zu Fehlbestimmungen führen. Meistens sehen sie den Alten ähnlich, aber ihre Farben sind weniger leuchtend. Die Silbermöwe z. B. sieht im Jugendbild ihren Eltern überhaupt nicht ähnlich. Bei anderen Arten, z. B. beim Buchfink, sehen Männchen und Weibchen ganz verschieden aus. Auch ungünstige Beleuchtung kann das Aussehen verändern. Im Nebel und bei Dunkelheit wirken alle Vögel größer. Farben können bei hellem Sonnenlicht oder von Nahem lebhaft aussehen, bei wenig Licht oder auf große Entfernung wirken sie dagegen recht unscheinbar. Es gibt viele ausgezeichnete Bestimmungsbücher, die beim Versuch, einen Vogel zu erkennen, helfen können. Sie sollten aber nur im Notfall benutzt werden, weil sie das Urteil beeinflussen könnten. Erst wenn man mit der eigenen Beschreibung fertig ist, sollte man zu Hause gewissermaßen als Kontrolle

solch ein Buch benutzen. Sicher wird man nicht jeden Vogel, den man sieht, benennen können. Manche fliegen sehr schnell davon oder verstecken sich im dichten Unterholz. Wer einige Vögel nicht erkennt, sollte deshalb nicht verzweifeln. Besser ist es, aufrichtig zu sein und nur solche Vögel in die Liste aufzunehmen, die man einwandfrei erkannt hat.
Versuche einmal, eine kurze Beschreibung der Finken auf dieser Seite anzufertigen, als ob du sie in der freien Natur sähest. Nun vergleiche deine Beschreibung mit der in einem Nachschlagebuch. Versuche auch einmal, die gewöhnlichen Vögel zu beschreiben, die du vom Fenster aus sehen kannst. Wenn du den Vogel erkannt hast, schreibe alle Einzelheiten in dein Notizbuch, z. B. über den Flug, das Futter und sein Verhalten. Hat man sich erst einmal daran gewöhnt, Notizen zu machen, kann man sie in einen Schnellhefter übertragen oder in ein festgebundenes Buch.

Wie man das Verhalten der Vögel erforscht

Was wird in Tabellen notiert?

Sobald man gelernt hat, einige der häufigsten Vogelarten zu erkennen, kann man auch anfangen, nach Mustern in ihrem Verhalten zu suchen und sich Fragen zu stellen wie „Welcher Vogel besucht mein Stück Rasen?“ oder „Wann kommt er?“
Solche Fragen kann man beantworten, wenn man sorgfältig beobachtet und

Erlenzeisig

Stieglitz

Dompfaff

Bluthänfling

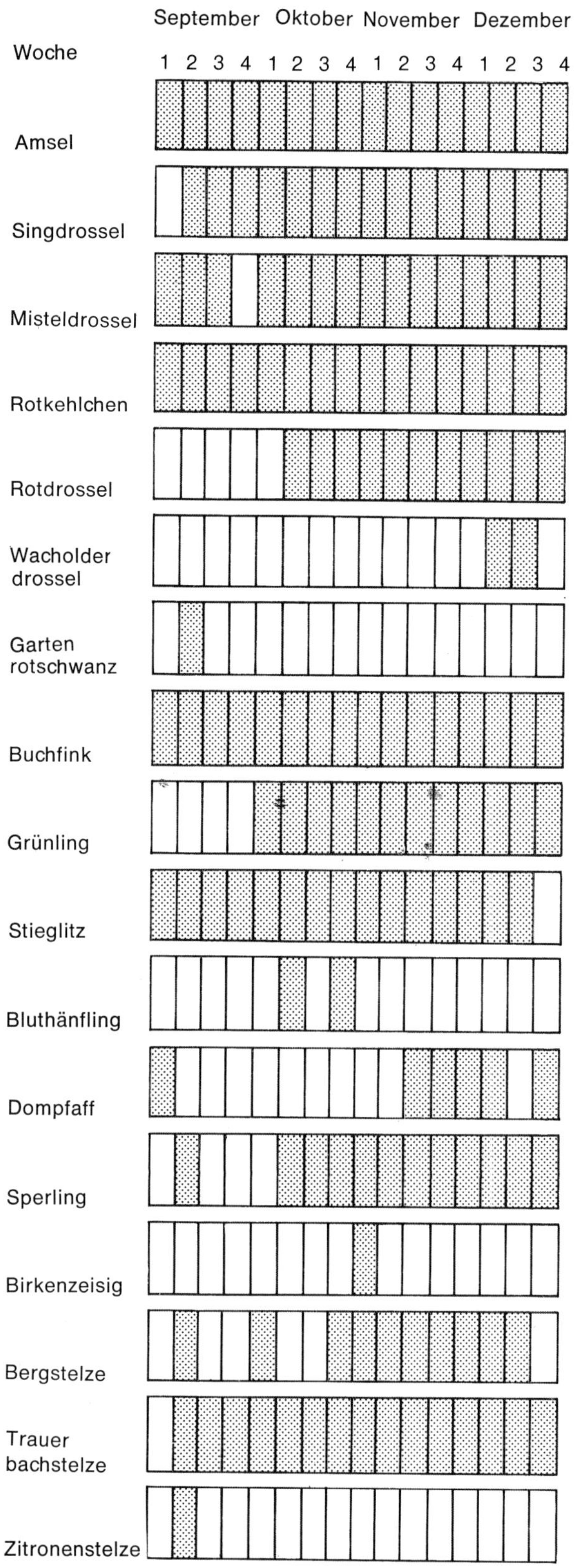

Auf dieser Tabelle hat ein Gartenbesitzer eingezeichnet, welche Vögel er in den einzelnen Wochen der Monate Oktober bis Dezember in seinem Garten beobachtet hat (grau: Vogel war da). Die Tabelle läßt sich das ganze Jahr fortsetzen.

Aufzeichnungen gemacht hat. Als erstes muß man notieren, welche Arten in den Garten kommen. Wenn man diese Gartenvögel an ein bis zwei Tagen pro Woche das ganze Jahr hindurch kontrolliert hat, kann man eine Tabelle anlegen. Darin trägt man jeweils die Arten ein, die in einer Woche aufgetaucht sind. Daraus kann man dann ablesen, welche Vögel das ganze Jahr hindurch kommen, welche nur im Sommer und welche nur im Winter den Garten besuchen. Einige Arten kommen nur im Frühling, andere nur im Herbst während des Durchzuges.
Wenn man weiß, welche Vögel in der näheren Umgebung leben, lautet die nächste Frage: „Wie viele Vögel gibt es hier?“

Wie kann man Vögel zählen?

Die Anzahl der Vögel, die in einem Garten leben, besonders die Anzahl der Gäste am Futtertisch, läßt sich noch recht einfach feststellen. Aber Vögel fliegen dauernd hin und her, und ihre Anzahl an jeder Stelle ändert sich ständig. Man kann zum Beispiel die Spatzen zählen, die sich auf dem Futtertisch aufhalten, das ist aber durchaus nicht die Gesamtzahl der Spatzen in diesem Gebiet insgesamt.
Manchmal fliegen Vogelschwärme über dein Haus. Halte nach Staren Ausschau, die abends ihre Schlafplätze aufsuchen. Zähle ca. 25 Vögel ab und dann schätze, wie viele Blocks à 25 Vögel in dem Schwarm sind.
Wenn in der Nähe ein See ist, versuche einmal, im Winter die Enten zu zählen, und zwar in Abständen. Das ist deshalb schwierig, weil die Weibchen (der Enten) der verschiedenen Arten auf gewisse Entfernung sich sehr ähnlich sehen. Versuche, einen Vogelbeobachter zu gewinnen, der mit dir die Enten

zählt, und dann vergleicht eure Ergebnisse.

Vögelzählen kann auch eine fesselnde Beschäftigung sein, wenn man reist. Ob du zu Fuß gehst oder mit dem Fahrrad oder im Auto fährst: Versuche herauszufinden, welche Vögel welchen Standort bevorzugen, und wie viele Vögel es dort jeweils gibt. Du kannst entweder nur eine bestimmte Art, zum Beispiel Amseln, zählen – und zwar in den verschiedenen Landschaften. Oder du zählst die Anzahl von Vögeln jeder Art, die du auf dem Lande antriffst. Das

Diese Grafik umfaßt das ganze Jahr; sie gibt Auskunft über Ankunft und Abreise von Zugvögeln. Man sieht zum Beispiel, daß sich Sturmmöwen und Rotdrosseln nur im Winter in Mitteleuropa aufhalten. Den Sommer verbringen sie in nördlicheren Breiten wie zum Beispiel Nord- und Ostsee, Skandinavien usw.

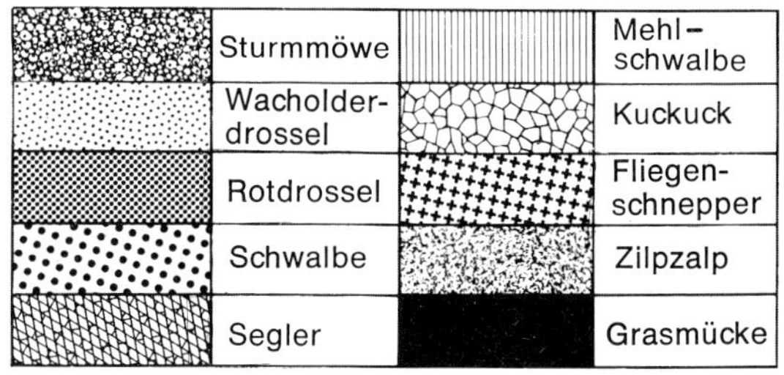

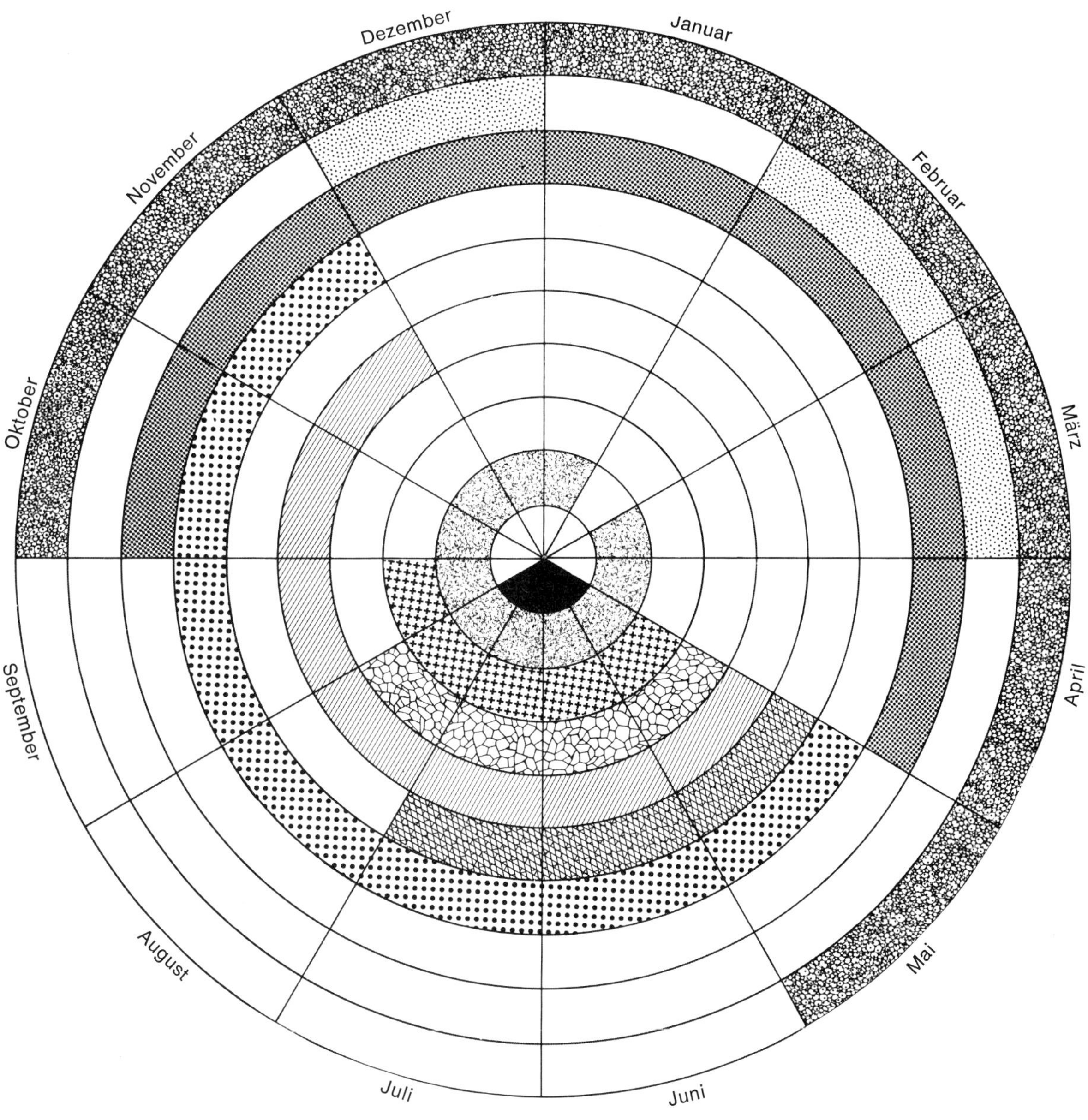

Spatzen am winterlichen Vogeltisch

kann dir einen Eindruck davon vermitteln, woher die Vögel kommen, die über dein kleines Reservat fliegen, und außerdem einen Anhalt über die Dichte einer Art in den verschiedenen Lebensräumen. Die Dichte wird in „Vögel pro km" berechnet. Teile die Zahl der Amseln pro Landschaftsart durch die Zahl der Kilometer, durch die du kommst. Später kannst du die Dichte der Amseln in deiner Gegend vergleichen mit anderen Gegenden, in die du kommst.
Das alles findet man in untenstehender Tabelle. Viele Drosseln bleiben hier, Rotdrossel und Wacholderdrossel (Krammetsvogel) jedoch kommen nur im Winter, und das Rotschwänzchen ist ein Zugvogel.
Das Erscheinen von Zugvögeln kann man festhalten, wenn man eine runde Karte zeichnet (wie auf Seite 19 abgebildet). Auf ihr erkennt man deutlich, welche Vögel auch im Winter bleiben und welche nur im Sommer bei uns sind. Die Karte zeigt auch die Überschneidungen zwischen Sommer- und Wintergästen. Ein paar Rauch- und Mehlschwalben bleiben z. B. bis November. Die Mönchsgrasmücke, die uns nur im Sommer besucht, verbringt den Winter wahrscheinlich in geschützten Gärten.

Wie orientieren sich Zugvögel?

Viele Tiere, zum Beispiel Vögel, Insekten, Fische, Aale und eine Anzahl von Säugetieren „wandern". Besonders auffällig und leicht zu beobachten ist der Vogelzug, also der alljährliche Ortswechsel der Vögel vom kälteren Brutplatz zu einem wärmeren Ort, an dem sie überwintern. Der Vogelzug führt bei einigen Arten über riesige Entfernungen; der nur 8 g schwere Fitislaubsänger zum Beispiel zieht von Skandinavien nach Südafrika, die Küstenseeschwalbe fliegt jeden Herbst 18000 km von der Arktis bis zur Antarktis und im Frühling dieselbe Strecke zurück. Viele nächtlich reisende Klein-

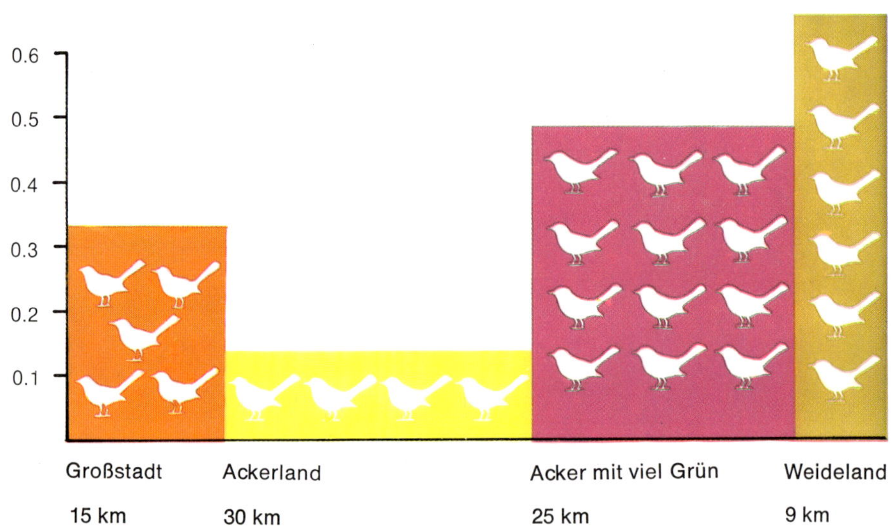

Diese Tabelle stellte ein Vogelforscher auf. Sie zeigt die Häufigkeit von Amseln pro Kilometer in einem bestimmten Lebensraum. Auf einer 15 km langen Fahrt durch die Großstadt sah der Wissenschaftler z. B. nur fünf Amseln; das ergibt eine Häufigkeit von 0,33 Tieren proKilometer.

Eine interessante und lehrreiche Übung für den jungen Vogelfreund ist es, Enten auf Teichen oder Flüssen zu zählen. Dabei muß man auch die einzelnen Arten unterscheiden können — was nicht immer ganz leicht ist und einige Übung und Geduld erfordert.

vögel fliegen dabei ohne Rastmöglichkeit Strecken bis zu 1000 km ohne Unterbrechung. Grund für diese Wanderungen sind kalte Witterung und Nahrungsmangel in den kälteren Regionen. Die Kenntnis der Flugstrecke ist den Vögeln angeboren; tagsüber orientieren sie sich nach der Sonne und nach Landmarkierungen, nachts nach den Sternen. Der Vogelzug ist allerdings noch nicht völlig erforscht.

Welche Arten von Zugvögeln gibt es?

Die in Europa vorkommenden Zugvögel kann man in vier Kategorien unterteilen. Sommervögel: Vögel wie die Schwalben und Mauersegler kommen zum Brüten nach Europa und verbringen den Winter in Afrika.
Wintergäste: Vögel wie die im Norden brütenden Zeisige verbringen den Winter im milderen Klima Süd- und Mittel-Europas.
Durchzügler: Das sind Vögel, die im Norden brüten, aber den Winter in Afrika verbringen. Sie benutzen die Küsten West-Europas als Rast- und Nahrungsplätze, z. B. Brachvogel und Strandläufer.
Irrgäste: Manche Vögel kommen zufällig nach Europa, sie sind vom Wind hergetrieben worden oder haben sich im Kurs geirrt. Die meisten dieser „Vagabunden" sind Jungvögel auf ihrer ersten Wanderung. So haben z. B. über 50 Arten aus den USA in den letzten Jahren die europäische Küste erreicht.
Den Vogelzug kann man am besten beobachten, wenn man sich zunächst nur auf ein oder zwei Arten spezialisiert, z. B. auf Schwalben und Mauersegler. Beide sind Insektenfresser, die ihre Nahrung im Flug erbeuten. Sie legen vergleichbare Entfernungen zurück, unterscheiden sich aber in Ankunftszeit und Abreisetermin in und von unserer Heimat.
Wenn man den Vogelzug beobachten will, notiert man zunächst die Ankunft- und Abzugszeiten der Zugvögel. Man schreibt sich im Frühling die Ankunft von Schwalben und Mauerseglern im eigenen Ort auf und wiederholt das im nächsten Jahr. So kann man die Daten mit denen des Vorjahres vergleichen.
Ebenso interessant ist aber auch ein Besuch der Küste im Frühling oder Herbst, um die Zugvögel dort zu beobachten. Bei der Beobachtung von wandernden Seevögeln braucht man eine besondere Methode. Die Vögel können drei bis vier Kilometer von der Küste entfernt fliegen, so daß ein Fernglas unerläßlich ist. Am besten sucht man sich einen bequemen Sitzplatz auf einer Klippe oder am Strand und sucht von

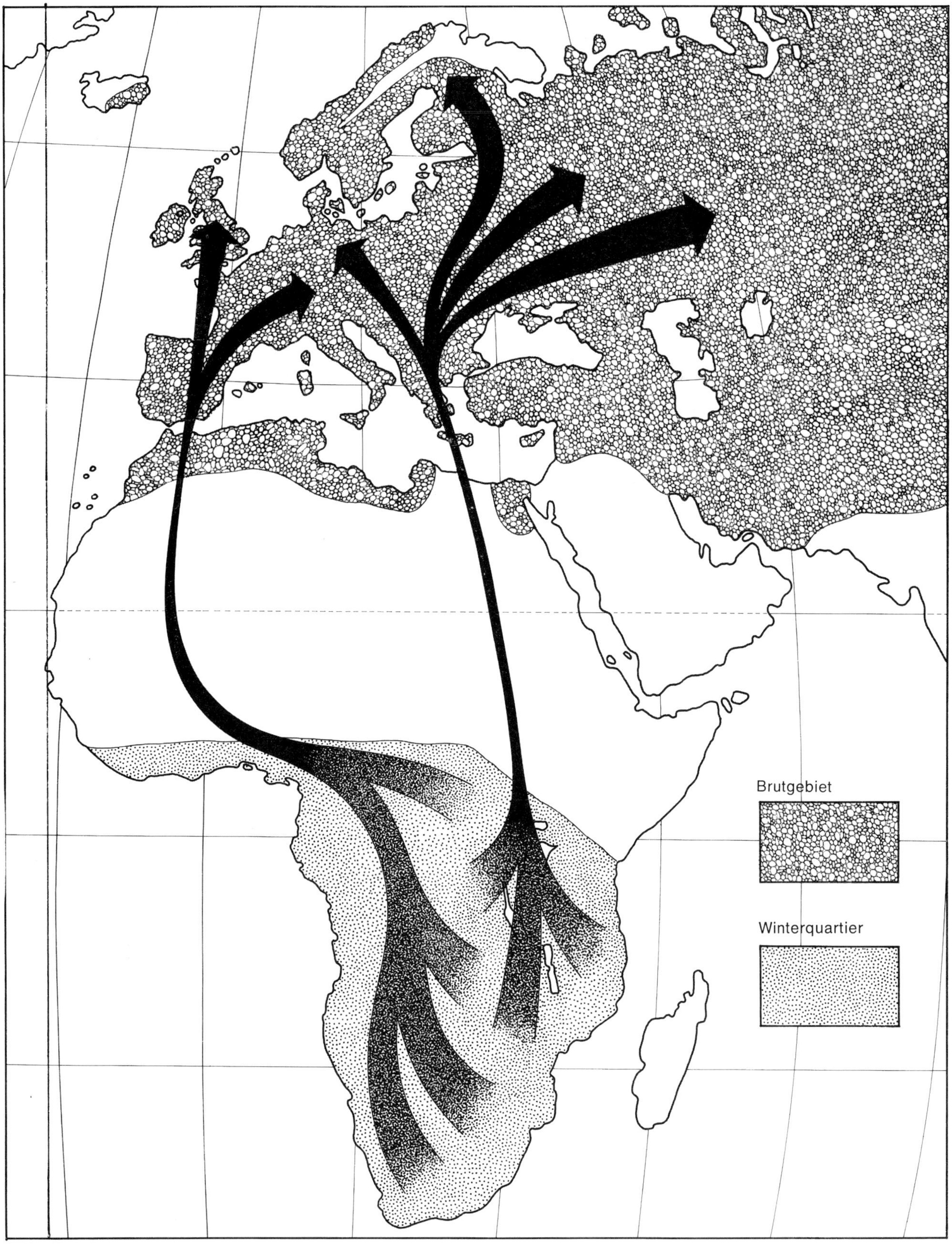

Diese Karte zeigt den Wanderweg der Rauchschwalbe, auf dem sie manchmal 1000 km im Nonstop-Flug zurücklegt. Rauchschwalben gelten in Mitteleuropa als erste Frühlingsboten. Sie nisten in enger Nachbarschaft zum Menschen.

dort aus den ganzen Horizont mit dem Fernglas ab, von links nach rechts; die obere Hälfte des Bildausschnittes ist dabei Himmel, die untere Meer.
Anfangs wird eine Identifizierung schwierig sein, und man braucht Geduld. Wenn möglich, sollte man die Beobachtung mit einem Freund durchführen. Er kann Anzahl und Richtung der Flüge jeder Art aufschreiben. Beobachtungen auf See sind ermüdend, deshalb sollte man nicht länger als 30 Minuten beobachten. Eine Kopie seiner Beobachtungen sowie Angaben über das Wetter kann man der örtlichen Vogelbeobachtungsstation überlassen.

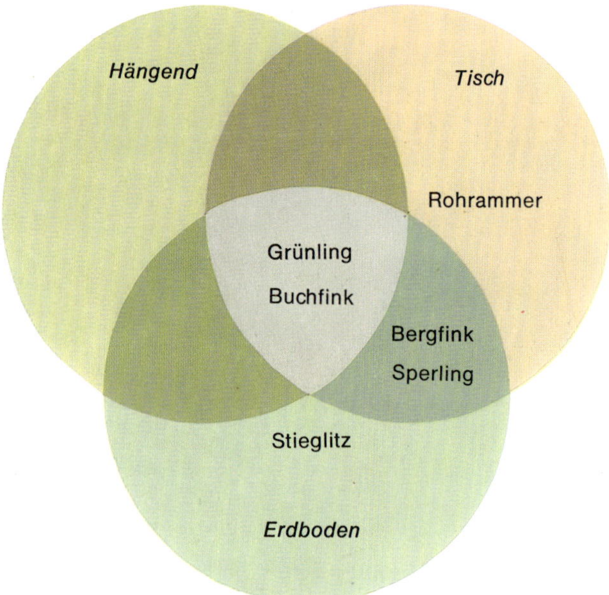

Die obere Tabelle zeigt, wo Finken am liebsten fressen; auf der unteren wurde eingetragen, an wieviel Tagen die verschiedenen Finkenarten sich ihr Fressen von einem bestimmten Futtertisch holten.

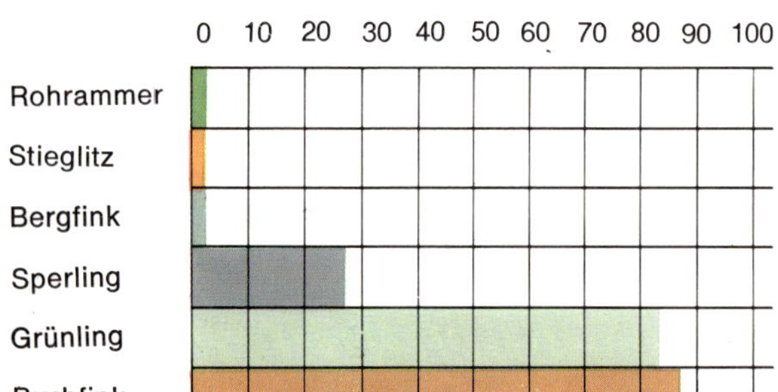

Wo fressen die Vögel am liebsten?

Die Vögel nehmen ihr Futter auf ganz verschiedene Art zu sich. Amseln, Singdrosseln, Bachstelzen und Krähen z. B. fressen am liebsten vom Boden; Spechte, Kleiber und Meisen dagegen fressen von aufgehängtem Futter, Rotkehlchen und Finken bevorzugen einen Vogeltisch. Auf die Erde sollte man nur geringe Mengen streuen, gerade genug für den Bedarf eines Tages – sonst zieht man Ratten und Mäuse in den Garten. Das meiste Futter sollte aufgehängt oder auf dem Vogeltisch ausgelegt werden.
Ein Vogeltisch läßt sich ganz einfach herstellen. An die Grundplatte (Naturbrett 25 x 50 cm) schraubt man vier Leisten. Zwei Seitenleisten sollten etwas kürzer als der Boden sein, damit Regenwasser ablaufen kann. Darüber kommt ein einfaches Dach (siehe Zeichnung). Diesen Tisch kann man an einen Ast hängen oder an einen Ständer schrauben. Der Ständer sollte glatt sein, damit daran keine Tiere hochklettern können.
Der Futterplatz muß sehr sorgfältig ausgesucht werden. Er soll weit genug vom Haus entfernt liegen, damit auch sehr scheue Tiere zum Futter kommen; aber wiederum nicht so weit, daß die Katze Vögel jagen kann. Wenn möglich, sollte der Futtertisch in der Nähe eines Fensters oder eines Verstecks angebracht werden, so daß man ihn gut unter Kontrolle hat.

Wie erfährt man, was Vögel gern fressen?

Um diese Frage zu beantworten, muß man Futter in abgetrennte Teile des Futtertisches oder auf ein Tablett auf der Erde auslegen. Den Tisch kann man in verschiedene Bereiche aufteilen, indem man der Länge nach Leisten aufnagelt oder -klebt. Man kann auch Tabakkästen auf die Grundfläche nageln oder kleben. In jede Abteilung oder in jeden Kasten wird ein anderes Futter gelegt. Es ist interessant, die Anzahl der Tage zu notieren, an denen z. B. drei Finkenarten drei Futtersorten fressen, sagen wir Erdnüsse, Brot und Kerne. Dabei wird man feststellen, daß alle drei Finken eine Vorliebe für Kerne haben; sie fressen aber auch Nüsse und Brot.

Bei diesen Beobachtungen lernt man auch viele andere Verhaltensweisen der Vögel kennen. Da tauchen z. B. Fragen auf wie: „Fressen alle Vögel ihr Futter am Tisch oder fliegen sie damit fort?", „Wie knacken Spechte und Kleiber große Nüsse?", oder „Welche Vögel trinken regelmäßig aus dem Vogelbecken?" Auch diese Fragen kann man nach einiger Zeit mit Sicherheit beantworten.

Wenn man einige Zeit damit verbracht hat, den Vögeln beim Fressen zuzusehen, wird man feststellen, daß manche Arten streitlustiger sind als andere. Und auch innerhalb derselben Art gibt es draufgängerische und furchtsamere „Temperamente". Einige Vögel und Vogelarten scheinen andere zu dominieren (sie zu beherrschen). Über dieses Gebiet gibt es wenig Untersuchungen. Deshalb kann man viel Neues lernen, wenn man Vögel beim Fressen und Brüten beobachtet.

Wie füttert man Vögel im Winter?

Das beste Mittel, Vögel im Winter in den Garten zu locken, ist Vogelfutter. Die kurzen Tage und kalten Nächte sind für viele einheimische und die Scharen der Besucher aus dem Norden gefährlich: Einige Vögel verlieren beim Versuch, sich warm zu halten, über Nacht bis zu einem Drittel ihres Körpergewichtes. Gibt man ihnen an einem kalten Morgen Futter, kann man sie damit vielleicht vor dem Tod retten.

Vogelfutter kann man auf Tischen oder zu ebener Erde auslegen oder in Kästen und Beuteln aufhängen.

Die Vögel im Garten fressen nicht alle das Gleiche. Darum sollte man die Nahrung schon vorher zubereiten und zusammenstellen. Die meisten Zutaten kann man draußen sammeln. Die beste Zeit für die Futtersuche auf Heckenwegen und in Parks sind die Monate August bis Oktober. Eberesche, Holunder und Hagedorn haben die besten Beeren, Haselstrauch, Buche, Eiche, Roßkastanie und Edelkastanie die besten Kerne. Auch Äpfel sind nahrhaft. Beeren sollten gesammelt werden, wenn sie reif sind, Nüsse, kurz nachdem sie

vom Baum gefallen sind. Die Beeren müssen erst getrocknet und dann an einem trockenen, dunklen Ort aufbewahrt werden.
Rohes Fleisch und jede Form von ungesalzenem Fett sind ideal, auch Hafergrütze, Käse, Sämereien aller Art, Nüsse und getrocknete Früchte sind ein Anreiz für die verschiedensten Vögel. Kleingehackte Erd- und Kokosnüsse wie auch Weizen, Hanf und Sonnenblumenkerne können leicht beschafft werden. Getrocknete Kokosnuß und gesalzene Erdnüsse dürfen aber *nie* gegeben werden, sie können tödlich wirken. Auch größere Mengen Weißbrot sind nicht gut für Vögel, weil es sich im Magen ausdehnt und nicht so nahrhaft ist wie anderes Futter.

Wozu brauchen Vögel Wasser?

Körnerfressende Vögel müssen regelmäßig trinken, denn ihr Futter enthält wenig Flüssigkeit. Ideal ist ein kleiner Teich in der Nähe; dort können die Vögel trinken, baden und ihr Gefieder putzen, wenn sie genug gefressen haben.
Die Fütterung der Vögel ist mit großer Verantwortung verbunden. Wenn man damit im Oktober beginnt, lockt man die Vögel von ihrer natürlichen Futterquelle fort. Deshalb muß man sie nun regelmäßig bis zum Frühling weiter füttern, besonders, wenn es sehr kalt ist. Genauso wichtig ist es, ungefressenes Futter wegzuräumen und den Tisch regelmäßig zu reinigen, damit sich die Vögel nicht gegenseitig mit Krankheiten anstecken. Während der Sommermonate sollte man Vögel nicht füttern, weil künstliches Futter nicht ausreichend Eiweiß enthält, wie es brütende Vögel brauchen. In manchen Fällen kann die Sommerfütterung Krankheiten und sogar den Tod hervorrufen.
Wenn man eine geringe Menge Futter auf die Erde, den Futtertisch oder in hängende Körbe legt, kann man beobachten, welches die Lieblingsplätze jeder Art sind. Das Diagramm (S. 24) zeigt einige Finken, den Grünfink und den Buchfinken, die sowohl vom Tisch als auch von der Erde und von hängendem Futter fressen. Andere dagegen, wie Bergfink und Spatzen, fressen nur vom Tisch und von der Erde. Einige Finken fressen am liebsten nur von der Erde oder nur vom Tisch.

Wie verhalten sich dominierende Vögel?

Vögel einer dominierenden Art vertreiben am Futterplatz die weniger streitbaren Vögel. Dominierende Vögel picken nach anderen fressenden Vögeln, die sofort auf einen anderen Teil des Vogeltisches ausweichen oder

Pfeil zeigt, welche
Art welche andere
Art dominiert

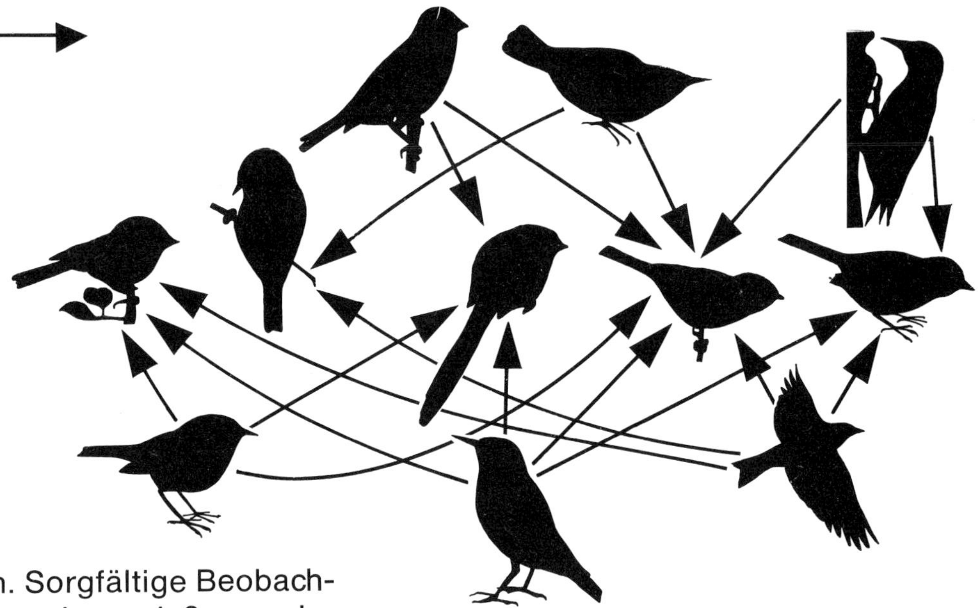

Aus diesem Schema geht hervor, welche Vogelart welche andere dominiert.

gar davonfliegen. Sorgfältige Beobachtungen haben ergeben, daß manche Vögel gelegentlich sogar Angehörige einer Art dominieren, von denen sie normalerweise dominiert werden. Dies ist z. B. der Fall bei den Beziehungen zwischen Blau-, Kohl- und Schwanzmeise, wie das nebenstehende Schema zeigt.

Ein Naturforscher fand einmal ein totes Rotkehlchen und beschloß, ein Experiment durchzuführen. Er befestigte den Vogel in aufrechter Haltung mit Draht an einem Stück Holz und legte es auf den Vogeltisch. Anfangs war das ständig dort fressende Rotkehlchen bestürzt, einen Artgenossen auf „seinem" Tisch zu finden. Es umkreiste den Tisch und stürzte sich auf den toten Körper, allerdings ohne anzugreifen. Am nächsten Tag landete das Rotkehlchen auf dem Tisch, sträubte seine Brustfedern und fing an, um den toten Vogel herumzuhüpfen. Schließlich griff es den Kopf seines Gegners mit den Krallen an. Später wurde das zerfetzte Federkleid immer wieder attackiert, wobei der Angreifer Schnabel und Krallen benutzte. Die Aggression ist bei brütenden und fressenden Vögeln besonders heftig – selbst wenn sie wie in diesem Fall nur von der bedrohlichen roten Brust eines toten Vogels ausgelöst wird.

Das Nest der Misteldrossel liegt in Astgabeln bis in 25 m Höhe, der Zaunkönig nistet auf dem Erdboden. Blaumeisen bevorzugen Spalten in geborstenen Bäumen, der Grünspecht brütet in Baumlöchern.

Wie beobachtet man brütende Vögel?

Wer in seinem Garten Vögel brüten lassen möchte, muß einiges über ihre Brutgewohnheiten wissen, über die Nester, die sie bauen und die Plätze, die sie dafür bevorzugen.
Normalerweise bauen Vögel offene Nester aus Gras, Blättern und Zweigen oder in Löchern und Felsspalten. Unser Bild links zeigt einige der häufigsten Nest-Typen. Die Misteldrossel baut ein großes, weithin sichtbares Nest aus trockenem Gras. Der Grünspecht hackt ovale Löcher in einen Baumstamm und polstert sie mit Holzspänen aus. Die Blaumeise nistet in natürlichen Spalten, zum Beispiel in geborstenen Stämmen, in die sie dicke Lagen Moos, Haare und Wolle legt. Der Zaunkönig baut sein kugelförmiges Nest auf oder im Busch dicht über der Erde. Das Männchen baut mehrere Spiel-Nester, eins davon wird vom Weibchen ausgewählt, mit Federn ausgelegt und zur Aufzucht der Jungen benutzt. Teichrohrsänger bauen ihre Grasnester zwischen den Stengeln des Schilfrohrs, etwa 1 m hoch über dem Wasser. Im Gegensatz dazu bauen Stockenten und Teichhühner ihre Nester aus Riedgras dicht über der Wasseroberfläche am Ufer in oder unter Büschen.

Wie bringt man Vögel dazu, daß sie brüten?

Hat man die Vögel erst einmal zum Fressen in den Garten gelockt, ist es nicht mehr schwer, sie auch zum Brüten zu bringen. Dabei kommt es darauf an, was man tut und was man *nicht* tut. So sollte man manche, eigentlich sehr wichtige Gartenarbeiten unterlassen. Man sollte zum Beispiel auf gar keinen Fall den Heckenabfall verbrennen, sondern daraus Bündel machen, und wenn man Glück hat, sieht ein Zaunkönig darin seinen idealen Nistplatz. Einen abgestorbenen

Baum sollte man so lange stehen lassen, bis er umzufallen droht. In ihm werden sich viele wirbellose Tiere niederlassen – ein willkommenes Lockmittel für viele Vögel. In der Nähe eines Waldes kann solch ein Baum einem Specht als Behausung dienen.

Einerseits sollte man also bewußt den Garten verwildern lassen, andererseits gibt es aber auch Arbeiten, die man verrichten kann. Zunächst einmal beschneidet man einen Baum mit Baumschere und Säge so, daß an Astgabelungen eine kleine Plattform entsteht. Löcher in Mauern, kleine Mauersimse und passende aufgestellte Blumentöpfe, versteckt in Efeu, können leicht Vögel anziehen. Gartenvögel nisten von der Erde bis zu einer Höhe von 5 oder 6 Metern. Ideal für Nistplätze ist eine Höhe von ca. 2 Metern. Eine Kokosschale mit einem Abflußloch am Boden, die man in eine efeuumrandete Wand hängt, ist eine gute Nestunterlage für den Fliegenschnäpper. In alten Bäumen sucht man nach Spalten oder Ritzen und vergrößert sie oder kratzt sie aus; sie ergeben ebenfalls gute Nistplätze. Wer noch mehr Nistplätze möchte, muß einige Nistkästen bauen.

Stockenten und Teichhühner nisten direkt über dem Wasser, Teichrohrsänger zwischen dem Schilfrohr.

Wie baut man Nistkästen?

Es gibt zwei Arten, den geschlossenen Nistkasten für Meisen und Kleiber und den offenen Kasten oder Halbhöhle für Fliegenschnäpper, Bachstelzen und auch für Rotkehlchen, obwohl diese ihre Nester am liebsten in Erdvertiefungen bauen. Der geschlossene Nistkasten hat auf einer Seite nur ein kleines Einschlupfloch, der andere ist halboffen.

Solche Kästen werden aus abgelagertem Schnittholz (1,5 m x 15 cm) hergestellt. Außerdem braucht man Nägel, ein Stück Gummischlauch als Scharnier und einen Verschluß, um den Deckel damit zuzuhalten. Man schneidet die Holzplatten wie auf der Zeichnung unten zurecht und setzt sie zusammen. Für einen offenen Kasten schneidet man ein Stück der Vorderseite weg, für einen geschlossenen sägt man ein Loch in die Vorderseite. Die Größe des Loches hängt davon ab, welchen Vögeln der Nistkasten dienen soll.

Arten	Lochdurchmesser in mm
Blaumeise	27
Sumpfmeise	27
Weidenmeise	27
Kohlmeise	32
Feldsperling	32
Haussperling	32
Kleiber	32–34

Größere Arten wie Dohlen, Hohltauben, Turmfalken und Eulen brauchen größere Kästen. Vor Gebrauch werden die Kästen mit Insektenspray ausgesprüht, dann läßt man sie einige Zeit auslüften.

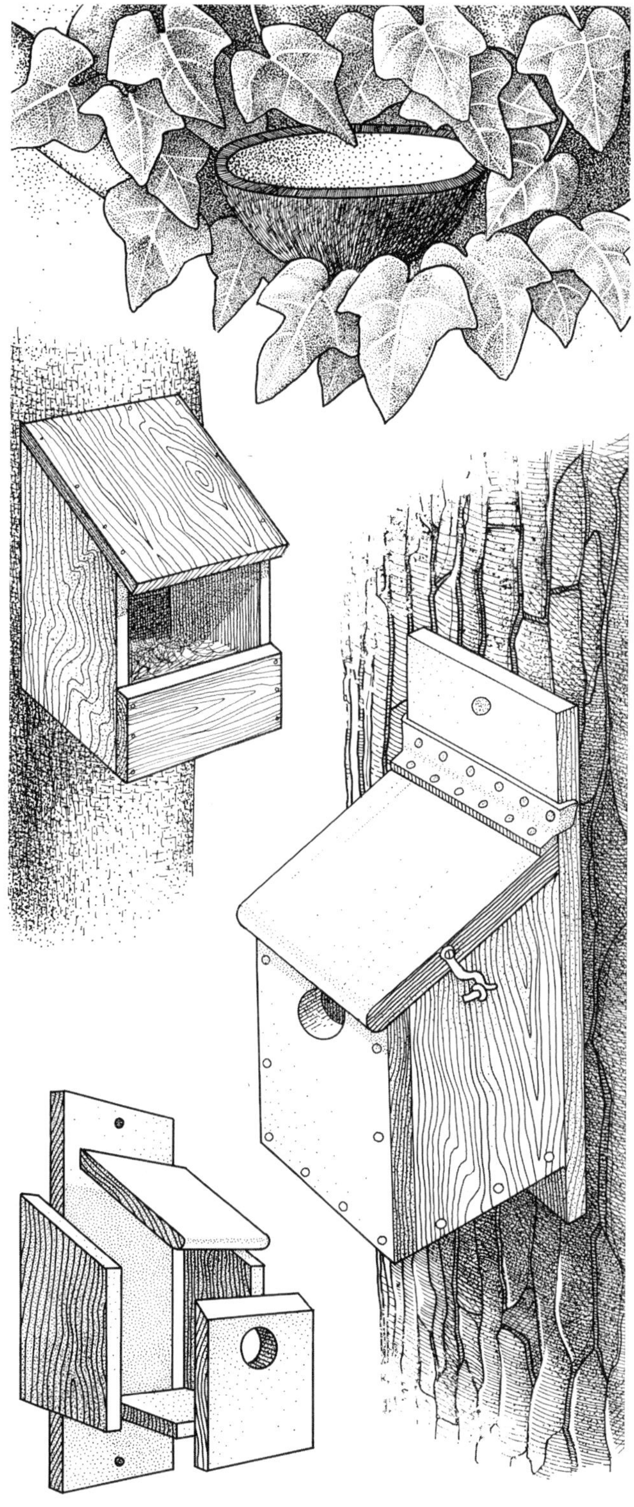

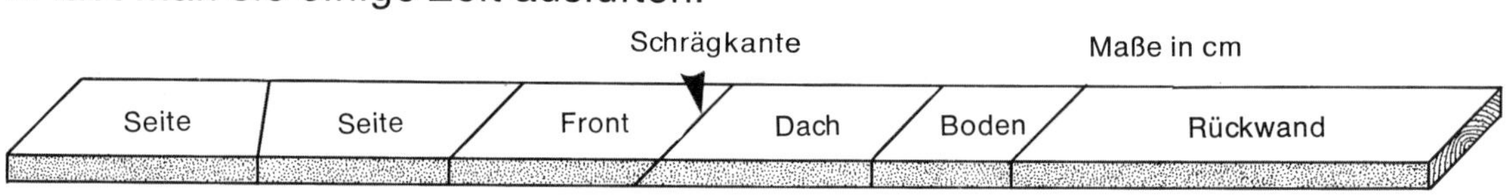

Aus einer 150 cm langen, 15 cm breiten und etwa 1 cm dicken Holzleiste kann man einen offenen oder geschlossenen Nistkasten bauen. Dem Fliegenschnepper genügt die Hälfte einer leeren Kokosnußschale.

So kann man einen Baum beschneiden, um eine gute Plattform für ein Vogelnest zu erhalten.

Ist der Nistkasten fertig, sucht man einen geeigneten Platz. Offene Nistkästen müssen so angebracht werden, daß Eichhörnchen, Wiesel und Katzen nicht an die Jungen heran können. Geschlossene Kästen kann man auch an gefährdeten Stellen aufhängen. Die Kästen müssen an einem schattigen und luftigen Platz hängen. Sie sollten leicht nach vorn geneigt hängen, damit kein Regen hineinfließen kann. Die beste Zeit zum Aufhängen eines Nistkastens liegt zwischen Januar und März.

Wo werden Nistkästen angebracht?

Im Spätherbst werden Nistkästen und Futtertische gereinigt. Milben und andere blutsaugende Parasiten überwintern in den Kästen. Nach der Reinigung werden die Kästen mit Insektenvertilgungsmitteln ausgesprüht.

Wenn sich Vögel in einem Garten niedergelassen haben und man einige passende Nistplätze hergerichtet hat, wird man sicher wissen wollen, ob die Vögel nun auch brüten werden. Außer dem Nest gibt es noch viele andere Hinweise, die darüber Auskunft geben, ob ein Vogel brüten will. Um diese Zeichen zu verstehen, muß man die Antworten auf folgende Fragen wissen.

Warum singen Vögel?

Vögel singen, um einen Gefährten zu finden und um ihr Revier zu kennzeichnen. Gewöhnlich sucht das Männchen einen geeigneten Nistplatz. Wenn es ihn gefunden hat, singt es, um ein Weibchen zu finden und um andere Männchen seiner Art davor zu warnen, sich in diesem Gebiet niederzulassen. Dieser Drohgesang verhindert ständige Kämpfe zwischen den Männchen. Dabei unterstützt das Männchen seinen Gesang mit einer Anzahl von bestimmten Bewegungen wie Kopfnicken, Flügelschlagen oder Schwanzwippen – zierliche Bewegungen, die zu beobachten viel Freude macht.

Alle Arten bauen ihre Nester innerhalb ihres Territoriums, und die meisten suchen dort auch ihr Futter. So kann ein Vogel-Elternpaar seine Jungen füttern, ohne die Konkurrenz anderer Vögel derselben Art fürchten zu müssen.

Einige Vögel singen an verschiedenen Plätzen am Rande ihres Reviers. Diese Orte nennt man „Singwarten". Sie können sich auf Gebäuden befinden oder auf Wäscheleinen, Gartenzäunen oder auf natürlichen Erhebungen wie Büschen, hohen Pflanzen oder Felsen. Wenn man die Singwarten auf einem Lageplan einzeichnet, erkennt man die Größe des eingenommenen Revieres. Dazu braucht man ein bißchen Erfahrung, aber es ist nicht so schwer, wie es klingt. Die Zeichnung unten zeigt die Reviere von drei Rohrammer-Pärchen auf der Insel eines Süßwassersees. Jedes Territorium ist ungefähr 3000 qm groß. Aber nicht jedes Männchen findet ein Weibchen. So bleibt es zunächst eine offene Frage: Hat die Rohrammer dieses Jahr wirklich gebrütet?

Wie erkennt man, ob ein Pärchen brütet?

Hat man die Grenzen eines Brutgebietes erkannt, kann man auch die Frage beantworten, ob das dazugehörende Pärchen brütet oder nicht. Die Antwort erfordert allerdings etwas Detektivarbeit. Während der Brutzeit gibt es verschiedene Etappen, die man leicht erkennen und notieren kann. Wenn alle Anzeichen systematisch aufgeschrieben werden, kann man leicht feststellen, ob die Vögel ihre Jungen großziehen. Hier ist eine Liste der Etappen:

1. Ein erwachsener Vogel singt im Territorium.
2. Erwachsene Vögel zeigen sich.
3. Erwachsene Vögel verteidigen ihr Gebiet gegen Eindringlinge.
4. Erwachsene Vögel tragen Nistmaterial.
5. Auffinden des Nestes.
6. Auffinden der Eier.
7. Erwachsene Vögel versorgen ihre Jungen mit Futter.
8. Auffinden von flugfähigen (flüggen) Jungen.

Die wichtigste Etappe ist das Auffinden der Jungen. Hier genügt es schon, wenn man sieht, daß die Eltern regelmäßig Futter bringen. Obwohl es interessant ist, das Nest selbst mit den Eiern zu betrachten, sollte man besser darauf verzichten. Und man sollte es auf keinen Fall berühren – man könnte dadurch Bodenfeinde (Wiesel, Marder, Katze etc.) auf das Nest aufmerksam machen.

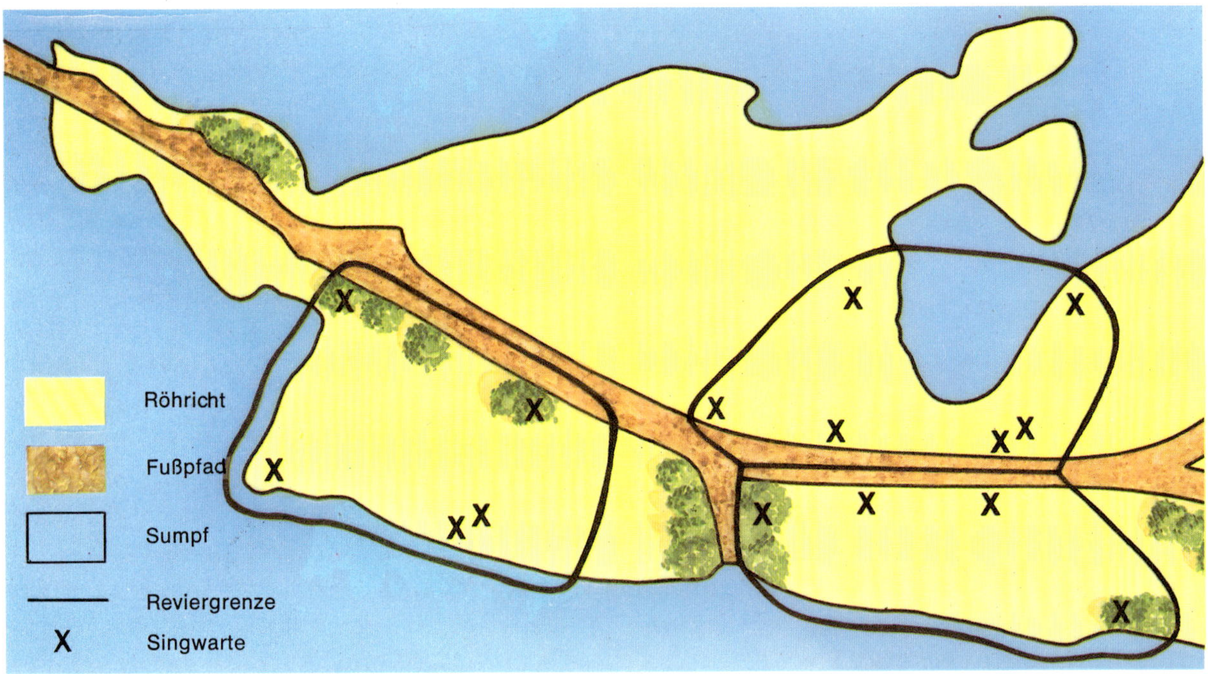

Wie man sammelt und präpariert

Es ist verboten, Eier aus Nestern zu nehmen.

Wann darf man Nester sammeln?

Man kann jedoch Nester sammeln – aber nur im Spätherbst, wenn die Vögel mit dem Brüten fertig sind. Einige Vögel brüten zwei- oder dreimal im Sommer, andere, wie Türkentaube und Schleiereule, brüten unregelmäßig über das ganze Jahr verteilt. Nester einiger Vogelarten sollte man liegen lassen, weil die Vögel sie als Grundlage für das Nest des nächsten Jahres benutzen. Das tun z. B. Saatkrähen, Krähen, Fliegenschnäpper, Störche und alle Greifvögel.

Wenn man ein altes Nest auseinandernimmt, kann man feststellen, woraus es besteht. Man sollte es aber zuerst mit einem Desinfektionsmittel bestäuben, um eventuell noch vorhandene Parasiten abzutöten. Dann legt man die verschiedenen Baumaterialien auf getrennte Häufchen, trocknet und wiegt sie. Ein Amselnest zum Beispiel wird etwa folgende Werte ergeben:

Material	Gewicht in Gramm	%
Moos	1,3	0,8
Blätter	1,9	1,2
Wurzeln	7,1	4,5
Zweige	7,9	5,0
Gras	47,7	30,3
Schlamm	91,6	58,2
Insgesamt	157,5	

Noch mehr kann man über den Nestbau herausfinden, wenn man im Frühjahr im Garten verschiedene Materialien, z. B. Moos, Blätter, Stoff, Papier, Haare usw. an eine Schnur hängt oder in einen alten Obstkorb legt. Dann notiert man, welche Vogelart welches besondere Material bevorzugt.

Bei den Beobachtungen im Garten

Wie legt man eine Sammlung an?

kann eine Sammlung von Federn und anderen Vogelteilen dem jungen Forscher eine große Hilfe sein. Da es heute gute illustrierte Bücher gibt, braucht man kein Tier mehr zu töten, um eine Zuordnungskartei zusammenzustellen. Es gibt genügend natürliche Objekte, die man sammeln kann, ohne der Umwelt Schaden zuzufügen.

Wenn man versucht, die Überreste eines toten Tieres zu identifizieren, kann eine Sammlung von Vogelfedern, Flügeln und Füßen, Schädeln von Säugetieren und Vögeln, Nestern und Gewöllen von großem Nutzen sein. Manchmal kann sie auch – wie wir noch sehen werden – helfen, Funde aus einem völlig anderen Gebiet zu identifizieren.

Alle Dinge, die man in die Sammlung aufnimmt, müssen mit dem Namen des Tieres, dem Geschlecht (soweit bekannt), Datum und Fundplatz versehen werden. Hygiene ist beim Umgang mit toten Tieren sehr wichtig, deshalb trägt man immer Gummihandschuhe und wäscht nach beendeter Arbeit Hände und Instrumente.

Einzelne Federn können mit Hilfe einer

Was ist eine Zuordnungskartei?

Zuordnungskartei leicht, ohne dieses Hilfsmittel jedoch nur unter großen Schwierigkeiten identifiziert werden. Daher ist eine Kartei wichtig, und man richtet sie sich am besten gleich ein. Wenn man einen toten Vogel einer bestimmten Art findet, entnimmt man ihm einige Federn, vor allem die großen Flügelfedern und Steuerfedern. Mit ihnen lassen sich unbekannte Federn

am leichtesten vergleichen. Einzelne Federn steckt man entweder in ein Stück weiße Pappe oder klebt sie in Löcher, die man in einen zugeschnittenen Holzblock gebohrt hat.
Ganze Flügel können aufbewahrt werden, wenn man sie sorgfältig von dem toten Vogel abschneidet. Die Flügel kleiner Vögel bedürfen keiner besonderen Behandlung. Bei größeren Vögeln mit starken Flügelmuskeln wie Schwänen besteht die Gefahr des Verfaulens, dadurch würde der Flügel zerstört. Entweder entfernt man das Muskelfleisch sorgfältig mit einem Skalpell oder man präpariert sie, indem man Formalin hineinspritzt oder mit Salz einreibt. Du darfst aber Formalin nie benutzen, ohne deine Eltern oder Lehrer zu bitten, dir zu helfen, denn Formalin ist ein gefährliches Gift. Die Gelenke des Flügels werden nach einiger Zeit steif. Deshalb sollte der ganze Flügel ausgebreitet auf ein Brett gelegt und dort mit Nadeln und Pappstreifen festgehalten werden.
Flügel und Federn werden in einem geschlossenen Kasten aufbewahrt. Leg eine kleine perforierte Schachtel mit Naphtalen hinein, um Wanzen und Motten fernzuhalten. Jeder Flügel muß noch mit einem Insektizid eingesprüht werden, um eventuell vorhandene Federläuse abzutöten.

Wie präpariert man Füße und Schädel?

Eine Sammlung von Vogelfüßen kann sinnvoll sein, wenn man die Beute von Greifvögeln identifizieren oder Gewölle untersuchen will. Der Fuß muß genau über der Ferse abgeschnitten werden. Steife Zehen kann man in kaltem Wasser lockern. Wenn der Fuß auf einen Untergrund gepreßt und angeheftet wird, bleiben die Gelenke später in dieser Stellung. Die Sehnen, dünne Stränge aus weißem faserigen Gewebe, sollten bei größeren Vögeln beseitigt werden. Die Beine können dann auf eine Unterlage geklebt oder mit Draht auf einem Klotz befestigt werden.
Besonders wertvoll ist eine Schädelsammlung. Mit ihrer Hilfe kann man die Überreste von Vögeln identifizieren, die man in Feld und Flur, an den Küsten oder im Eulengewölle findet. Zuerst wird der Kopf des Vogels vom Körper getrennt und abgezogen. Man kann ihn entweder in Wasser einweichen oder in einer verdünnten Waschsoda-Lauge kochen. Wird der Kopf eingeweicht, fällt das Fleisch in 10 bis 12 Wochen von den Knochen ab. Kocht man den Kopf, braucht man ungefähr eine Stunde. Den nunmehr fast sauberen Schädel kann man in kaltem Wasser abspülen, wobei man hartnäckige Fleischfet-

Eine Sammlung von Federn und ganzen Flügeln erleichtert die Identifizierung eines Vogels.

zen mit einer Pinzette vorsichtig entfernt oder den Schädel mit einer weichen Bürste reinigt. Wenn der Schädel ganz sauber ist, kann man ihn noch einmal bleichen.

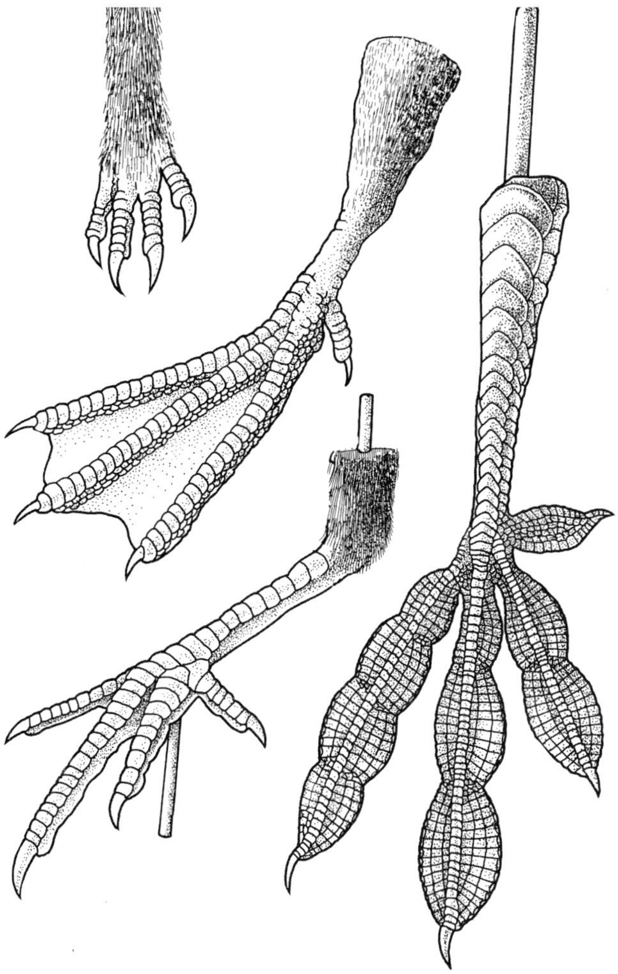

Auf dieser Zeichnung sieht man links oben den Lauf, die Zehen und die besonders scharfen Krallen eines Mauerseglers, darunter Lauf und Zehen einer Stockente. Der Lauf des Ziegenmelkers darunter zeigt, wie man einen Vogelfuß auf Draht befestigen kann, damit er in natürlicher Stellung erhalten bleibt. Der große Lauf rechts gehört einem Bleßhuhn, das sich mit den Tauchlappen an den Zehen im Wasser vorwärts bewegt.

Wie entsteht ein Gewölle?

Einige Vögel verschlucken ihre Beutetiere in großen Klumpen, manchmal verschlingen sie sogar ganze Tiere auf einmal. Die Teile, die sie nicht verdauen können, also Knochen, Fell, Panzer (bei Käfern), Muscheln sammeln sich im Magen und bilden das Gewölle, das der Vogel durch den Schnabel herauswürgt. Die meisten Vögel spucken ein Gewölle pro Tag aus. Man findet es gewöhnlich in der Nähe ihrer Nester oder Schlafplätze. Obwohl Gewölle gewöhnlich nur Eulen und Raubvögeln zugeschrieben werden, sind sie auch von Gartenvögeln wie Rotkehlchen und Staren oder Wasservögeln wie Möwen, Reihern und Eisvögeln bekannt. Hat man ein Gewölle gefunden, sollte man es untersuchen. Dazu weicht man das Gewölle in kaltem Wasser ein und zerlegt es mit Pinzette und Präpariernadel in seine Bestandteile. Versuche einmal, die Knochen zu bestimmen und benutze dazu eine Kartei oder ein Buch. Dann bleiche die Knochen und klebe sie auf ein Stück schwarze Pappe.

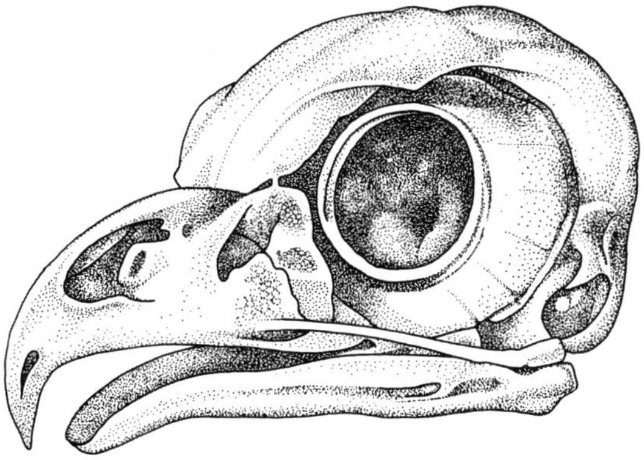

Präparierter Schädel eines Waldkauzes

Gewölle, mit Pinzette und Präpariernadel zerlegt.

Wie man Schmetterlinge erforscht

Warum lassen sich Schmetterlinge leicht studieren?

Schmetterlinge gehören wahrscheinlich zu der Gruppe von Insekten, die man am leichtesten studieren kann. Sie sind weithin sichtbar, man findet sie in Städten und auf dem Land, und es gibt nur eine begrenzte Anzahl von Arten.

In gewisser Hinsicht lassen sich Schmetterlinge leichter identifizieren als Vögel, unter anderem deshalb, weil man sie in Netzen fangen kann. Dabei sollte man aber sehr vorsichtig sein und die gefangenen Tiere so schnell wie möglich an den Ort zurückbringen, an dem man sie gefangen hat.

Zu den über 100 000 Arten der Familie Schmetterlinge gehören auch zahlreiche Mottenarten wie z. B. die Kleidermotten, die silberweißen, schwarzgepunkteten Gespinstmotten und viele andere. Motten unterscheiden sich von anderen Schmetterlingen vor allem durch zwei Merkmale:

1. Falter haben am Ende ihrer Fühler eine Verdickung. Die Fühler der Motten können verschiedenartigste Formen haben, sie sind aber an ihren Enden nie verdickt.

Der Dickkopffalter (Mitte unten) und das Schachbrett (rechts) haben die für Schmetterlinge typischen Verdickungen an den Fühlerenden; die Zinnobermotte dagegen (links oben) hat spitz auslaufende Fühler ohne Verdickungen.

2. Motten haben auf den hinteren Flügelenden eine oder mehrere Fransen oder Borsten, Schmetterlinge haben diese Fransen nicht.
Ein weiteres Unterscheidungsmerkmal: Fast alle Schmetterlinge ruhen mit aufgestellten, also zusammengeklappten Flügeln, die Motten klappen sie beim Sitzen auseinander.
Da es in Mitteleuropa verhältnismäßig wenige verschiedene Schmetterlinge gibt, ist das Identifizieren nicht besonders schwer. Die meisten Schmetterlinge haben auf ihren Flügeln klare und typische Zeichnungen, die aus einer Unzahl verschiedenfarbiger Schuppen bestehen, darum werden sie auch Schuppenflügler genannt. Mit Hilfe eines guten Sachbuchs kann man die verschiedenen Arten leicht unterscheiden und bestimmen.

Wie wird aus der Raupe ein Schmetterling?

Schmetterlinge machen im Laufe ihres Lebens vier Verwandlungen durch: Der ausgewachsene weibliche Schmetterling legt seine Eier auf eine bestimmte Art von Pflanzen, manchmal auch auf eine begrenzte Anzahl verschiedener Pflanzen. Nach wenigen Tagen platzt das Ei, die Raupe schlüpft und beginnt sofort zu fressen. Sie ernährt sich zuerst vom Eidotter, dann von der Pflanze. Wenn die Raupe ausgewachsen ist, verwandelt sie sich in eine Puppe. Nach einem Zeitraum von einigen Wochen bis zu einem halben Jahr kommt aus der Puppe ein erwachsener Schmetterling hervor, der sich vom Nektar der Blüten ernährt.
Unten ist der Lebenslauf eines kleinen Fuchses abgebildet. Die zahlreichen Eier werden auf ein einziges Blatt gelegt, jedenfalls geschieht das häufiger, als daß die Eier einzeln auf verschiedene Blätter gelegt werden. Die junge Raupe frißt mit den anderen gemein-

Der Lebenslauf eines Kleinen Fuchses, eines der bekanntesten und beliebtesten Tagfalter Europas: Oben Eiablage auf einem Blatt, rechts die Raupe, in der Mitte die Puppe, links der geschlüpfte Falter. Links unten ein Schmetterlings-Ei.

sam und sondert sich erst ab, wenn sie sich weiter entwickelt hat.
Wenn man Schmetterlinge selbst aufzieht, lernt man sie am besten kennen. Gesammelte Raupen kann man aufziehen. Oder man kauft Eier oder Raupen bei einer Schmetterlings-Farm.

Wie kann man Schmetterlinge anlocken?

Um Schmetterlinge anzulocken, braucht man bestimmte Pflanzen in seinem Garten. Ob der Garten nun auf dem Land oder in der Stadt liegt – eine Ansammlung passender Pflanzen wird viele Schmetterlinge veranlassen, sich hier Futter zu suchen und Eier zu legen. Man braucht zwei Sorten von Pflanzen: eine liefert das Futter für den erwachsenen Schmetterling, die andere dient als Nahrung für die Raupen.
Schmetterlinge finden ihr Futter in allen Pflanzen, die Nektar (Zuckersaft) produzieren, zum Beispiel in rotem und weißem Goldlack, Primeln, Sternhyazinthen, Mondviolen, Nachtviolen, Baldrian, Ringelblumen, Heliotrop, Verbenien, Schleifenblumen, Reseden, Phlox, Flieder und Heidekraut. Viele von ihnen kann man aus Samen ziehen. Auch Unkraut und wildwachsende Blumen ziehen Schmetterlinge an, besonders Gänseblümchen, Klee, Glockenblumen, Knopfblumen, Lichtnelken, Malven, Majoran, Thymian, Kreuzkraut, Hundeblumen, Brombeersträucher und alle Distelarten.
Geschützte, sonnige Nischen ziehen Schmetterlinge an. Hat man in seinem

Kleiner Fuchs (oben links), Admiral (unten links) und Tagpfauenauge (rechts) auf Nahrungssuche. Der Saugrüssel, mit dem sie die Blütensäfte aufsaugen, liegt im Ruhezustand zusammengerollt zwischen den Lippentastern.

Garten einen passenden Platz, pflanzt man dort Blumen für die Schmetterlinge. Viele Falter suchen einen Platz, um dort die Nacht zu verbringen, einige Arten brauchen auch ein Versteck für den Winter. Dafür eignen sich besonders Stechpalmen und Efeu.

Wovon ernähren sich Raupen?

Raupen ernähren sich – je nach Art – von verschiedenen Pflanzen. Die Raupen der meisten weißen Schmetterlinge fressen Kohl. Natürlich will kein Gartenbesitzer, daß sein ganzer Kohl gefressen wird; aber vielleicht können vier oder fünf Pflanzen ausgelassen werden, wenn die anderen mit Insektenvertilgungsmittel besprüht werden. Eine andere wichtige Futterpflanze für viele Raupen ist die Brennessel. Die Raupe braucht junge Sprößlinge, deshalb muß man die Nesseln nachschneiden. Pfauenauge, Kleiner Fuchs und Admiral legen ihre Eier auf Nesseln. Im Frühling, wenn die Nesseln junge, zarte Triebe haben, legen Pfauenaugen und Kleine Füchse ihre Eier ab, und Mitte Juli, wenn die Nesselstauden hart und ungenießbar für Raupen sind, halten die frischgeschlüpften Kleinen Füchse und die Admirale nach Eiablageplätzen Ausschau. Deshalb sollte man das Nesselbeet in drei Teile teilen. Das erste Drittel schneidet man Anfang Juni, das zweite Drittel im Juli und das letzte Drittel im August. So haben die Schmetterlinge während der Brutzeit immer frische Nesseltriebe.

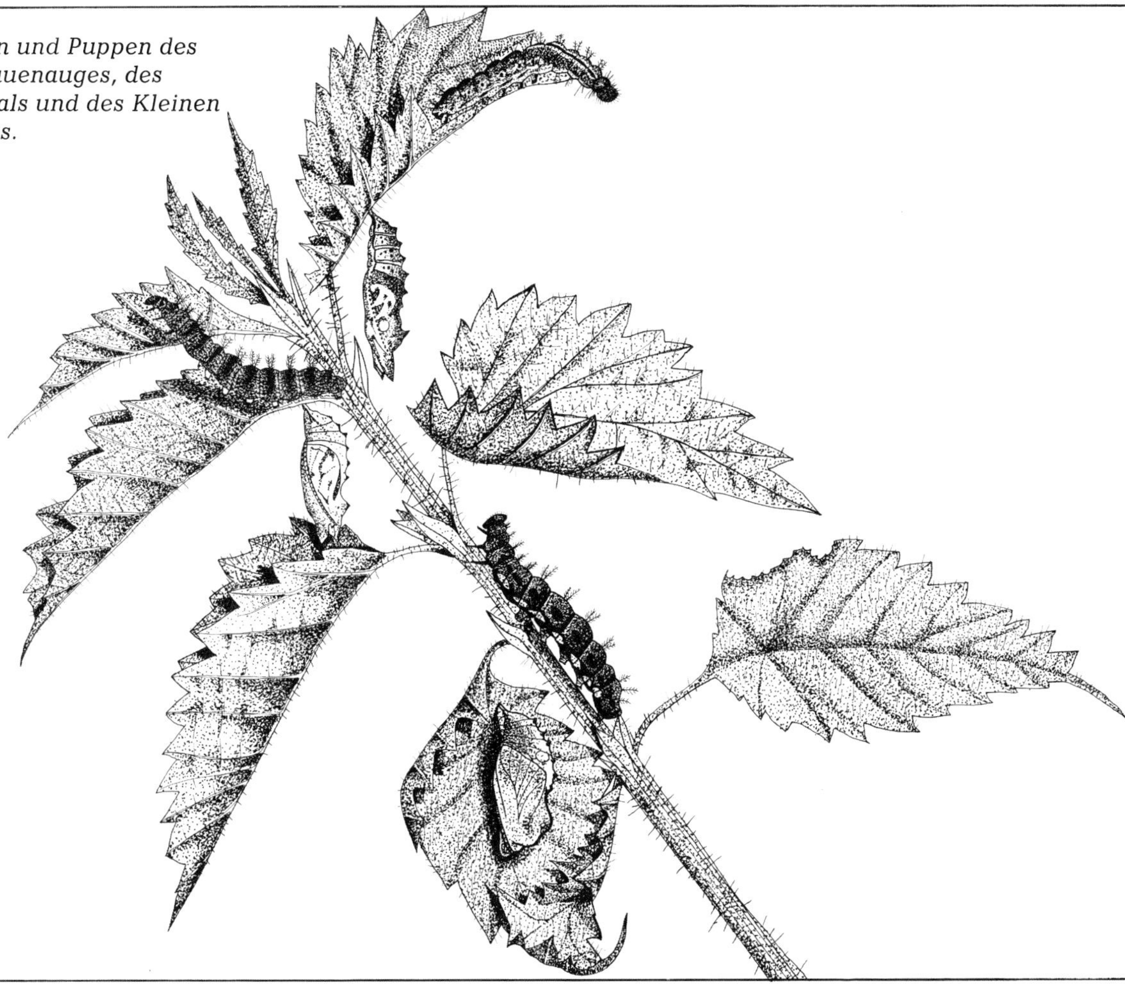

Raupen und Puppen des Tagpfauenauges, des Admirals und des Kleinen Fuchses.

Wie man einen Teich anlegt und pflegt

Warum gehören in jeden Teich Pflanzen?

Der Teich ist ein wichtiges Öko-System, das jedes Naturschutzgebiet bereichern kann. Zum Teich gehören ganz andere Pflanzen als die bisher erwähnten, außerdem wirbellose Tiere, Amphibien und Reptilien. Darüber hinaus bietet er den Tieren Nahrung, Wasser und eine Badestelle.

Das Leben im Teich hängt von den Pflanzen ab, die in ihm wachsen. Sie produzieren den Sauerstoff, den die Tiere im Teich gebrauchen, und sie erfüllen noch weitere Aufgaben: Schwimmende Pflanzen, also Pflanzen, die auf der Wasseroberfläche schwimmen, spenden Schatten. Unterwasser-Pflanzen – das sind Pflanzen, deren Stamm und Blätter unter der Oberfläche bleiben – dienen als Nahrung für wirbellose Wassertiere wie Schnecken. Pflan-

zen, die im seichten Wasser wachsen, sind Jagdplätze für Insekten. Die Uferpflanzen schließlich dienen vielen Tieren als Versteck.

Wie pflegt man einen Teich?

Leider gibt es nur wenig Gärten mit eigenem Teich. Aber vielleicht findet man in der Nähe Teiche, die vernachlässigt wirken und neu hergerichtet werden müßten. Wenn man einen solchen findet, versucht man zu erfahren, wem dieser Teich gehört und ob man ihn pflegen darf. Einen Teich zu kultivieren, ist eine schwere und

manchmal auch gefährliche Arbeit. Wer das vorhat, sollte sich mit ein paar Freunden zusammenschließen und die Eltern, einen Lehrer oder einen Jugendleiter um Hilfe bitten.
Ein guter Teich hat an seinen Rändern oft Vegetationsgruppen, ein Schilfbeet oder Dornensträucher oder anderes Buschwerk, das über das Wasser hängt. Solche Pflanzen sollten erhalten bleiben. Ideal ist natürlich, wenn man den Teich oder einen Teil davon einzäunen kann, um Störungen durch Besucher zu verhindern. Wichtig ist auch eine feste Kante aus Holzpfählen, die man mit Sand und Kies aufschüttet. Von hier aus kann man das Leben im Teich am besten beobachten und gegebenenfalls Proben entnehmen. Wildvögel kommen, wenn man eine Insel mit einem sandigen Landeplatz baut.
Wenn der Teich abgestanden oder voller Abfälle ist, gibt es eine Menge Arbeit. Teiche können aus Sauerstoffmangel „umkippen", das heißt, daß jedes Leben im Wasser abstirbt. Die Ursache können zu viele Wasserpflanzen oder Blätter sein, die von überhängenden Bäumen fallen, aber auch Mangel an Sonnenlicht, so daß die Pflanzen zu wenig Sauerstoff produzieren; es kann zu viel Schlamm im Teich sein oder verschmutztes Wasser, das von einem nahegelegenen Bauernhof, einer Kloake oder einer Fabrik durchsickert. Bevor man den Teich zu neuem Leben erweckt, muß man herausfinden, warum er umgekippt ist und dann die Ursache beseitigen.

Wann kann man am Teich arbeiten?

Solche Arbeiten sollte man nur im Herbst oder Winter ausführen, um das Leben im Teich so wenig wie möglich zu stören. Man sollte den Teich in zwei Hälften teilen und sich

Die Reinigung eines „umgekippten" Teiches ist eine mühevolle, aber lohnende Arbeit.

Am schönsten und lehrreichsten ist ein Teich, der inmitten einer unveränderten Natur angelegt wird.

nur jeweils eine Hälfte vornehmen. Jedes Lebewesen kann sich solange im anderen Teil aufhalten. Die Teichränder sollten möglichst wenig niedergetrampelt werden. Einen Teil des Ufers benutzt man, um Äste und Abfälle aufzunehmen. Das Gefälle der Uferböschung bis zum Grund des Teiches sollte nicht verändert werden, weil verschiedene Pflanzen in jeweils verschiedenen Zonen – vom tiefen bis zum flachen Wasser – leben.

Um den Teich zu retten, müssen alle toten Pflanzen und Abfälle herausgenommen, Schlamm muß herausgepumpt oder mit Eimern ausgeschöpft werden. Bäume und überhängende Zweige werden zurückgeschnitten, damit das Licht durchdringen kann und weniger Blätter in den Teich fallen. Hohe Bäume am südlichen Teil des Teiches sollten entfernt werden.

Die gleichen Arbeiten müssen verrichtet werden, wenn ein kleiner Gartenteich umkippt. Hier kann man einzelne Pflanzen und Tiere mit einem Eimer herausnehmen und sie wieder zurückbringen, wenn der Teich gesäubert ist. So kann der Teich in einem Zug gereinigt werden.

Die Umgebung eines Teiches ist wie geschaffen für Blumen und Bäume, die Insekten anziehen. So schafft man ein Gebiet, in dem viele Insekten Lebensraum und Futter finden.

Wie baut man einen Teich?

Wer keinen Teich in seinem Garten hat und sich auch nicht um einen fremden Teich kümmern darf, kann sich leicht einen eigenen Teich anlegen. Am besten baut man ihn, bevor man

Bäume pflanzt oder auf andere Art in den natürlichen Bestand eingreift. Denn zu Anfang hat man noch die größere Auswahl für den besten Platz. Bäume und Sträucher für Insekten, Vögel und Säugetiere können später an den Ufern gepflanzt werden.
Der Teich sollte mindestens 2,5 x 1,5 m groß und in der Mitte 50–60 cm tief sein. Ein nierenförmiges Loch sieht gut aus und gestattet, die Wassertiefe unterschiedlich zu gestalten. Bevor man das Loch ausgräbt, steckt man den Umriß ab und markiert ihn mit einer Schnur. Beim Ausgraben läßt man am Ufer einen vorstehenden Rand für Pflanzen, die in niedrigem Wasser wachsen. Wenn das Loch fertig ist, räumt man spitze Steine weg, die die Ausfütterung durchstoßen könnten. Dann legt man das Loch so mit Zeitungspapier aus, daß alle Ecken gut ausgepolstert sind. Nun legt man PVC oder anderen schweren Kunststoff in das Loch und faltet die Ecken so, daß sie nahtlos passen. Wer Kunststoffe benutzt, die leichter als Wasser sind, muß sie auf das Loch legen und mit Steinen beschweren.

Liegt die Abdichtung auf ihrem Platz, kann sie bis auf 25 cm von den Enden zurückgeschnitten werden. Dann bedeckt man die Ecken. Ein Teich sollte nicht gänzlich mit Pflastersteinen eingefaßt werden, weil sie den Tieren das schnelle Hineingleiten erschweren. Ein Teil des Randes kann mit Rasen bedeckt werden, ein anderer Teil mit Pflastersteinen, so daß sowohl Tiere wie auch Menschen leicht ans Wasser kommen. Eine Ecke des Teiches kann man so anlegen, daß das Wasser den umgebenden Rasen überflutet. Das ergibt einen guten Platz für Binsen, Riedgras und andere Sumpfpflanzen.

Was ist ein erhöhter Teich?

Wer jüngere Geschwister hat, für die ein normaler Teich gefährlich sein

Der ideale Teich für kleine Gärten; im Kreis: der Teichuntergrund mit eingesetzten Pflanzen.

könnte, kann einen erhöhten Teich bauen. Das kostet natürlich mehr und ist auch schwieriger. Ein erhöhter Teich kann fast überall im Garten aufgestellt werden. Man kann die verschiedensten Teiche aus Fiberglas kaufen und auf Betonklötzen aufstellen. Um den Rand kann man eine stützende Mauer ziehen. Wenn man die oberste Schicht der Mauer mit Fliesen belegt, können sich kleinere Kinder drauflehnen und den Teich betrachten, ohne hineinzufallen.
Wer in seinem Garten keinen Platz für einen Teich hat, kann auch aus einem Wasserfaß, einer alten Badewanne oder einem Wassertank ein kleines Naturschutzgebiet machen. Den Wassertank umgibt man mit einer niedrigen Mauer oder einem Zaun, damit er etwas hübscher aussieht. Stellt man den Wassertank in den Schatten unter einen Baum, bilden die herabfallenden Blätter und das Wasser bald eine Brühe, aus der sich Schnecken, Wasserflöhe und Mücken Nahrung holen.

Wenn der Teich fertig ist, kann man es entweder der Natur überlassen, Pflanzen und Tiere hineinzusetzen, oder man hilft selbst nach.

Welche Pflanzen gehören in den Teich?

Bevor man Pflanzen einsetzt, streut man etwas Erde hinein. Heimische Wasserpflanzen holt man sich aus anderen Teichen, die entweder in Gefahr sind zu verschmutzen oder zugeschüttet werden sollen. Es sollten möglichst viele verschiedene Pflanzen sein – schwimmende, unter Wasser lebende und am Ufer wachsende.
Die meisten Tiere werden von ganz allein in den Teich kommen. Auf keinen Fall sollte man Fische und Wassermolche in so einen kleinen Teich setzen, denn sie fressen Pflanzen und wirbellose Tiere. Frösche und Kröten sollten schon als Laich in den Teich kommen; ausgewachsene Tiere, die man umsetzt, flüchten meist in ihre alten Behausungen zurück.

Ein erhöhter Teich, in den niemand hineinfallen kann; im Kreis: der Unterbau des Teiches.

Wie man einen Baum pflanzt

Wilde Säugetiere, Vögel und Insekten kommen massenhaft in einen Garten, wenn dort die richtigen Bäume wachsen. Die meisten Gartenbesitzer pflanzen Bäume, um ihre Gärten zu verschönern. Der Naturschützer dagegen sollte solche Bäume aufziehen, die die meisten Tiere anlocken. Das sind durchweg einheimische Bäume, und zwar vor allem Eiche, Weide, Birke, Weißdorn, Schlehdorn, Pappel, Holzapfel, Kiefer, Haselstrauch und Buche. All diese Arten ernähren eine große Anzahl von Insekten. An vielen wachsen Samen und Früchte, die von Säugetieren und Vögeln gefressen werden. Andere Arten kann man zu bestimmten Zwekken pflanzen: Weißbuchen werden von allen Finken-Arten bevorzugt, Linden wachsen auch in Städten, und Steineichen sind günstig in den Gegenden mit starkem Seewind. Stechpalmen, Efeu, Brombeersträucher, Geißblatt, Ginster und Stechginster können auch unter Bäume gepflanzt werden, die sich schon eingelebt haben.

Auch aus anderen Gründen sollte man sich genau überlegen, welche Bäume man pflanzen will. Zum Beispiel ist es wichtig, wie schnell ein Baum wächst,

Eiche

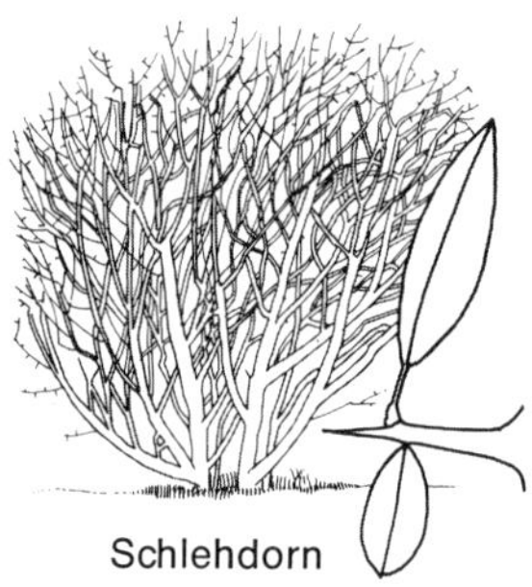

Schlehdorn

Silberpappel

Stechpalme

Weißdorn

Haselnuß

Holzapfelbaum

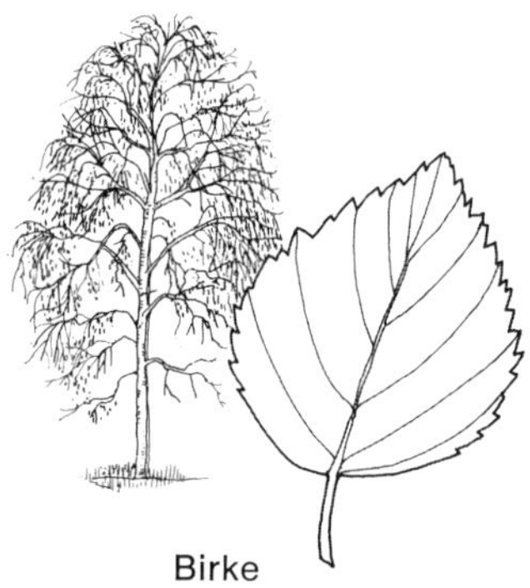

Birke

Schott. Kiefer

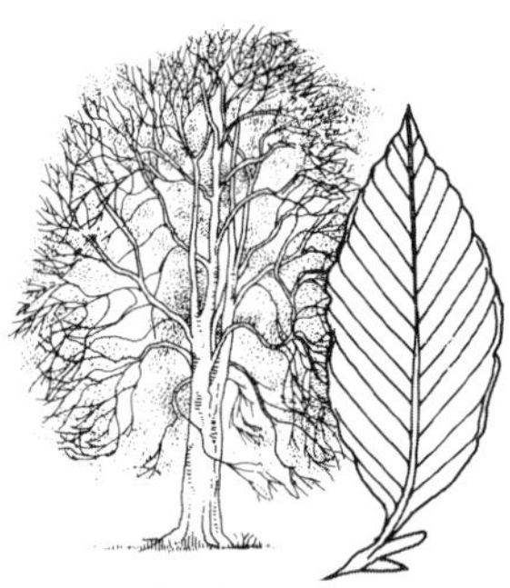

Buche

Weide

Knackweide

welche Sorte Erde er braucht, weiter muß man seine eventuelle Größe bedenken und wieviel Wind er vertragen kann. Eichen sind zweifellos die besten Bäume, die man pflanzen kann, aber Eichen können bis zu 20 m und darüber hoch werden, deshalb passen sie nicht in kleine Gärten.

Was pflanzt man in einen windigen Garten?

Wer schon einen wilden Garten voller Unterholz hat, schneidet die Sträucher nicht zurück. Man pflanzt die Bäume auf kleine freie Stellen, so daß der Baum hinzukommt, anstatt alles zu verändern. Sollte andererseits das Gartenstück sehr windig sein, kann man schnellwachsende Koniferen pflanzen. Sie schützen die langsamer wachsenden Laubbaumhölzer. Bei einem größeren Garten muß man die Bäume eng zusammenpflanzen und sie später umsetzen; in kleineren Gärten muß man sie gleich an ihren endgültigen Platz pflanzen.
In kleinen gutgeschützten Gärten kann man halbhohe Bäume (1–2 m) pflanzen. Sie sollten ohne Pflege auskommen, jedoch muß man sie gut anbinden. Hochstämmige Bäume sind hübsch, aber teuer.

Wann werden Bäume gepflanzt?

Normalerweise pflanzt man im Herbst oder im Frühjahr, aber nur bei gutem Wetter. Wenn man in gefrorene oder zu feuchte Erde pflanzt, geht der Baum wahrscheinlich ein. Laubbäume pflanzt man am besten, wenn die Blätter abgefallen sind und bevor die Knospen aufplatzen. Immergrüne Bäume sollten im Spätseptember, April oder frühen Mai gepflanzt werden. Für halbhohe Bäume macht man ein Loch

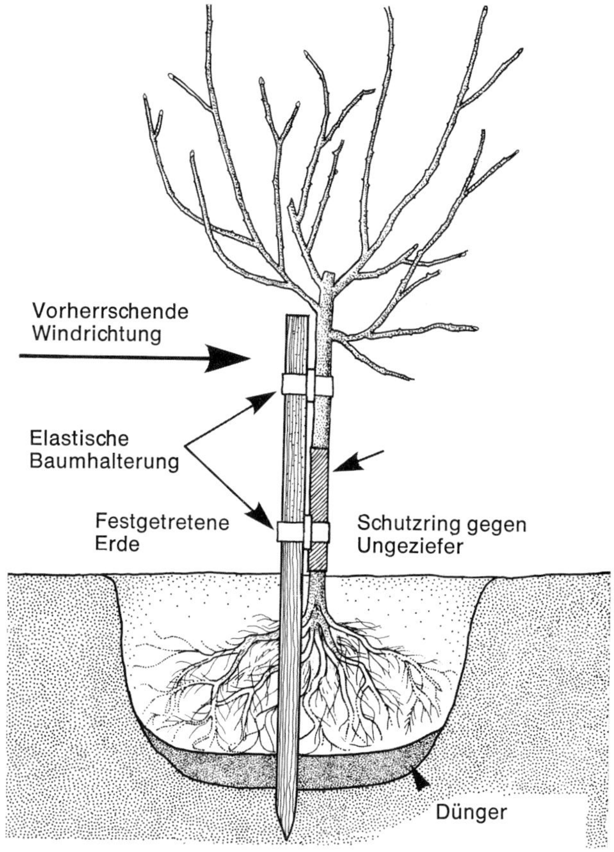

So wird ein junger Baum eingepflanzt.

in die Erde, bevor die Bäume geliefert werden. In dem Loch wird etwas Dünger in die Erde gemischt. Sind die Bäume angekommen, wird das Erdloch eventuell so vergrößert, daß das Wurzelwerk gut Platz findet. Man setzt den Stützpfahl auf der Seite ein, von der der Wind kommt. Dann pflanzt man den Baum in das Loch, und zwar so, daß sich die Wurzeln gut ausbreiten können. Nun schaufelt man so viel Erde hinein, daß der Boden wieder normale Höhe hat. Die lockere Erde wird mit der Rückseite der Schaufel festgeklopft. Dann bindet man den Baum mit einer Baummanschette oder einem Nylonstrumpf an dem Pfahl fest. Wenn der Baum nach einem Jahr oder 18 Monaten fest steht, kann man die Manschette wieder entfernen. Im Sommer muß man den Baum bewässern. Wenn es in der näheren Umgebung Kaninchen gibt, muß man jeden Baum mit einer Plastikspirale umwickeln, um ihn so vor den Nagern zu schützen.

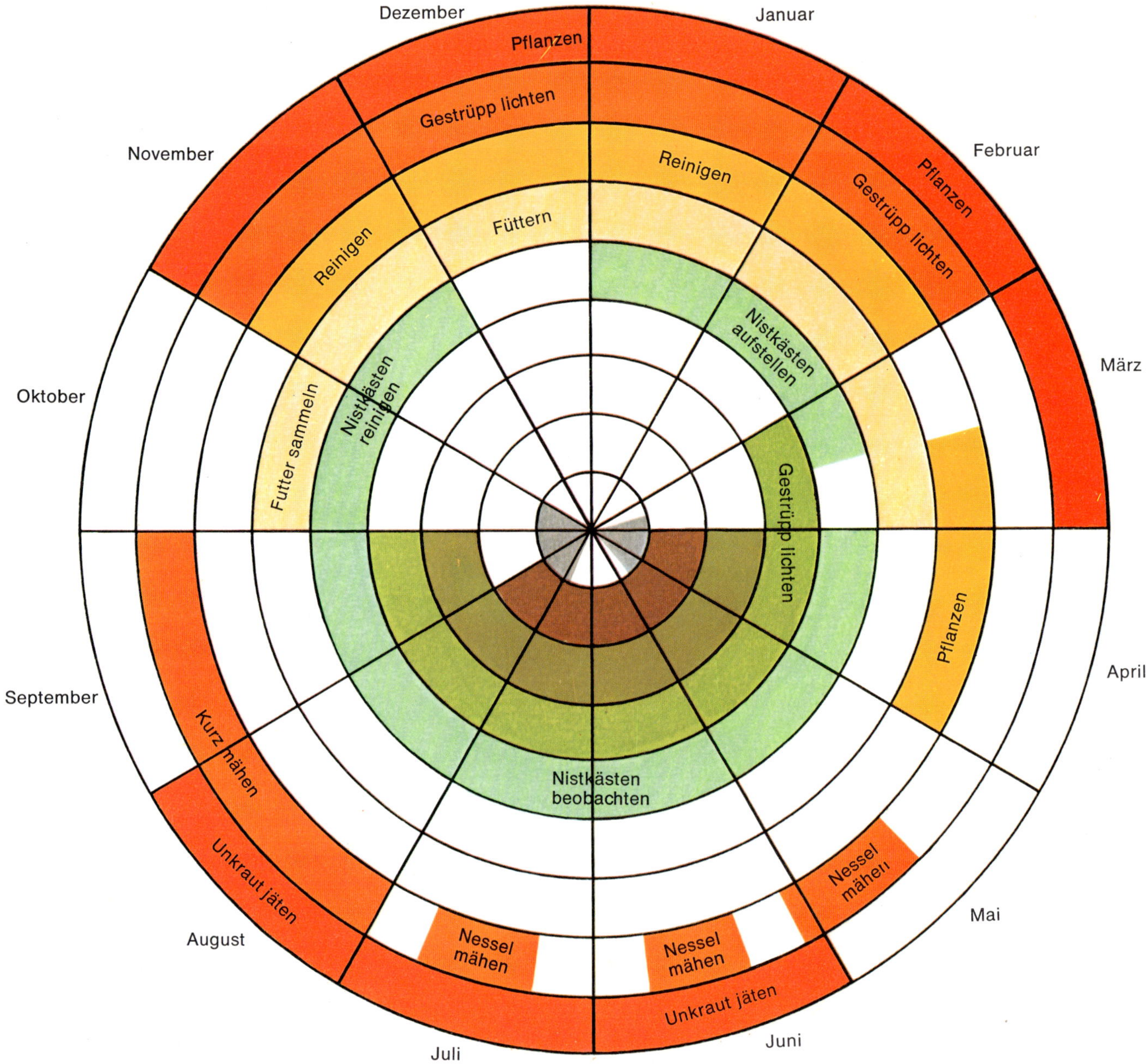

Naturforschers Terminkalender

- Bäume beschneiden
- Pflanzen beobachten
- Teichpflege
- Vogelfütterung
- Gartenarbeit für Vögel
- Pflanzenpflege
- Insekten beobachten
- Vogelbrut beobachten
- Vogelzug beobachten

Auf dieser Graphik kann man ablesen, was man wann machen muß. Die meisten Pflegearbeiten fallen im Winter an, zum Beispiel das Pflanzen von Bäumen, das Auslichten des Buschwerks, die Teichreinigung, die Herstellung von Nistkästen und die Vogelfütterung. Im Sommer hat man Zeit, junge Bäume zu beschneiden, Rasen und Gräser zu mähen und den Garten ordentlich zu halten. Während der langen Sommertage kann man auch die Entwicklung von Pflanzen und Tieren in dem Reservat beobachten.

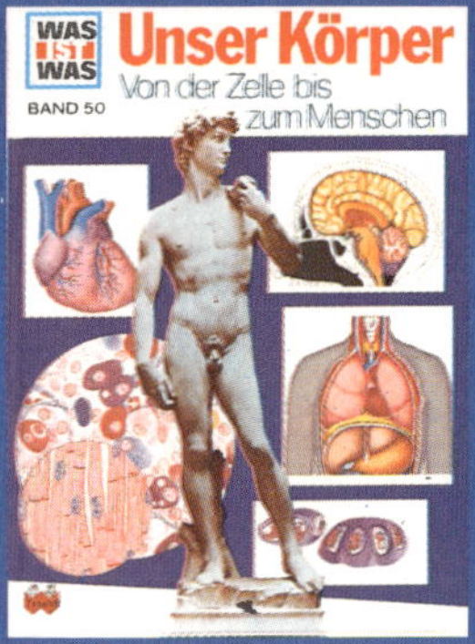

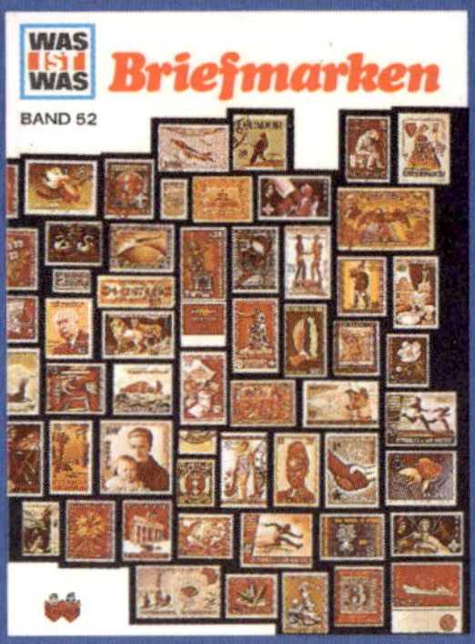

Die Reihe wird fortgesetzt.